ZUI XINXIAN DE BAIKE ZHISHI
最新鲜的百科知识

QIANSUOWEIYOU DE XIANGXIANGLI JIFA FANGSHI
前所未有的想象力激发方式

ZUI KUXUAN DE TANMI XINXI
最酷炫的探秘信息

酷科普·发现从这里开始

Renlei De Fangsheng Jishu

FAXIAN CONG ZHELI KAISHI

KUKEPU

人类的仿生技术

刘怀景 编著

中国出版集团
现代出版社

图书在版编目（CIP）数据

人类的仿生技术 / 刘怀景编著 . — 北京：现代出版社，2012.9（2024.1）

ISBN 978 – 7 – 5143 – 0746 – 7

Ⅰ. ①人… Ⅱ. ①刘… Ⅲ. ①仿生学 – 普及读物 Ⅳ. ①Q811 – 49

中国版本图书馆 CIP 数据核字（2012）第 203993 号

人类的仿生技术

编　　著	刘怀景
责任编辑	杨学庆
出版发行	现代出版社
地　　址	北京市安定门外安华里 504 号
邮政编码	100011
电　　话	010 – 64267325　010 – 64245264（兼传真）
网　　址	www.1980xd.com
电子信箱	xiandai@ vip.sina.com
印　　刷	三河市人民印务有限公司
开　　本	710mm × 1000mm　1/16
印　　张	14.5
版　　次	2012 年 10 月第 1 版　2024 年 1 月第 9 次印刷
书　　号	ISBN 978 – 7 – 5143 – 0746 – 7
定　　价	59.80 元

版权所有，翻印必究；未经许可，不得转载

PREFACE 前言
人类的仿生技术

仿生学是生物学和工程技术学结合在一起,互相渗透孕育出的一门新生的边缘学科。

自古以来,自然界就是人类各种技术思想、工程原理及重大发明的源泉。种类繁多的生物界经过亿万年的优胜劣汰的进化过程,使它们能适应环境的变化,从而得到生存和发展,也因此造就了它们千奇百怪的形态和功能。在这方面,作为"万物之灵"的人类处于劣势,但人类拥有其他生物望尘莫及的智慧。为了弥补自身的不足,聪明的人类开始了向这些生物的学习。见鱼儿在水中有自由来去的本领,人们就模仿鱼类的形体造船,以木桨模仿鱼类的鳍。见鸟儿展翅翱翔于空中,人们就研究鸟的身体结构并认真观察鸟类的飞行,开始人造飞行器的研制和试验。模仿海豚皮肤的沟槽结构,把人工海豚皮包敷在舰船的外壳上,以减少航行湍流,提高航行速度。模仿蚕吐丝的过程,人工制取纤维。对昆虫性信息素的研究和提取,人为释放性信息素,诱捕农业害虫,还可以把性信息素和黏胶、灯光、水盆、杀虫剂和化学不育剂等结合使用,消灭大量害虫。

随着相关学科的深入发展,仿生学也得到进一步发展,人类的仿生技术进入了一个突飞猛进的时代，例如人工基因重组、转基因技术是自然重组、基因转移的模仿；天然药物分子、生物高分子的人工合成是分子水平的仿生；人工神经元、神经网络是细胞系统水平的仿生。可以说，人类的仿生技术已经达到了一定高度，其研究成果也大量应用于生产生活以及科研等多个领域。但是由于生物系统的复杂性，弄清某种生物系统的机制需要相当长的研究周期，而且解决实际问题还需要多学科长时间的密切协作，所以人类的仿生之路还很漫长。

CONTENTS 目录 人类的仿生技术
RELEI DE FANGSHENG JISHU

生物的奇功

神眼揽胜 2

顺风耳 8

敏锐的鼻子 10

超级导航功夫 14

奇特的化学才能 20

怪异的发电技巧 26

造型妙术 31

能工巧匠 34

不可思议的发光 41

仿生学概述

仿生学发展简史 48

人类仿生由来已久 49

发人深省的对比 51

连接生物与技术的桥梁 54

力学仿生

由飞鸟到飞机 58

鸟类的V形编队远飞 59

昆虫飞行的启示 60

鲸类潜水的启示 62

昆虫翅膀引出的螺旋桨 63

海豚创造的流线型 64

细胞组织的静体力学 66

鲫鱼与吸锚 67

乌贼与喷水船 68

啄木鸟啄木与脑振荡 69

化学仿生

动物"化学通信"的启示 72

鳄鱼式海水净化设想 73

动物"淡化器"与海水淡化 74

乌贼与烟幕弹 76

萤火虫与照明光源 77

蚕与人造丝 79

昆虫的"性导弹"与杀虫技术 80

生物的善趋气与引诱剂 83

蜘蛛丝与防弹衣 84

高效率的催化剂 85

化学武器的诞生 …………… 87
生物膜的模拟 ……………… 89
光合作用 …………………… 91
生物体内的魔术师——酶 … 97
奇妙的化学反应 …………… 98
化学仿生研究前景展望 …… 100

定向导航仿生

动物远程导航的启示 ……… 104
昆虫隐身术的启示 ………… 105
昆虫导航的启示 …………… 106
昆虫楫翅的启示 …………… 107
由鱼类推出的声呐系统 …… 108
夜蛾的启示 ………………… 109
导弹红外跟踪术 …………… 110
蜂眼与天文罗盘 …………… 112
蝙蝠与"探路仪" ………… 113
海豚与水下回声探测器 …… 114
竖起的耳朵及天线 ………… 115

信息与控制仿生

动物味觉的启示 …………… 118
动物"热感受器"的启示 … 120
动物"生物钟"的启示 …… 123
蝇眼的启示 ………………… 125

跟踪技术顾问——蛙眼 …… 126
鸽子的监视技术 …………… 128
来源于大海的检测蜂鸣器 … 129
水母耳的由来 ……………… 130
广角鱼眼 …………………… 131
狗与"电子警犬" ………… 131
苍蝇与气体分析仪 ………… 132
视觉程序与人造眼 ………… 132
看得见热线的眼睛 ………… 133
睡眠机 ……………………… 133
电控假手 …………………… 134
夜视仪与动物的夜视 ……… 135

建筑仿生

兽类与人工发汗材料 ……… 144
蛋壳耐压的启示 …………… 144
奇妙的植物的建筑结构 …… 146
蜂窝状泡沫建材的诞生 …… 147
都灵展览馆的灵感来源 …… 147
悬索结构的由来 …………… 148
出气孔和充气结构 ………… 149
兽类骨骼的启示 …………… 150
混凝土的发明 ……………… 151
拱形结构的灵感 …………… 151

蜂窝与太空飞行器	152
蜗牛壳与复合陶瓷材料	154

能量、动力与电子仿生

转换能量的高手	158
叶绿素发电	159
"发电"鱼与电池	160
生物电电池	162
企鹅与滑雪杖	162
蚂蚁与人造肌肉发动机	163
长了眼睛的步枪	164
布满"神经"的电脑	165
从生物界找灵感的现代电子科学	167

机械仿生

从人造假手谈起	170
仿生机械学及研究动向	172
生物形态与工程结构	174
生物形态与运动	175
动物前爪的启示	178

人体肌肉的启示	178
袋鼠与跳跃机	180
龙虾与天文望远镜	180
尺蠖与坦克	181
机器人技术	182
鸟与戈	185
蜘蛛仿生车	187
蜘蛛机器人	188
麦秆与自行车	189

体育仿生

未来的仿生之路

仿生学向生物工程进发	196
新时代的疾病克星——生物医学工程	198
人工创造新生物——遗传工程简介	218
尚待开发的新能源——人体能	223

人类的仿生技术

生物的奇功

RENLEI DE
FANGSHENG JISHU

人类虽然处在生物进化的最顶端，有着其他生物无可比拟的智力，但在很多方面，人类较之其他生物又远远不如，比如在视力、听觉、嗅觉以及方向定位等方面，某些低等生物要比人类发达得多。这些神奇的功能是生物在漫长的历史进化过程中适应环境的结果。

神眼揽胜

一般人认为,人眼是生物界最完善的眼睛,它能确定深度、距离、物体的相对形状和大小以及一系列其他参量。其实,与形形色色的生物眼相比,人眼平淡无奇。

有的动物的眼睛看起来很小,实际上它们神通广大!蜜蜂有5只眼睛,3只长在头甲里(称为额眼),2只长在头的两侧(称为复眼)。鲎有4只眼睛,2只小眼在头部前方,2只复眼长在头部两侧。苍蝇有5只眼睛,3只单眼长在头脊部,2只复眼长在头部两侧。一般来说昆虫类的眼睛大多是复眼,结构也大同小异。复眼由许多小眼构成,蟑螂有1800个,蜜蜂中工蜂有6300个,蜂王有4920个,雄蜂有13 090个,蚊子有50个,蟹有1000个,雄萤火虫有2500个,苍蝇有6000~8000个,部分蝶蛾有12 000~17 000个,蜻蜓有28 000个。复眼越大,小眼越多,视力越强,清晰度也越高。

基本小知识

复 眼

复眼是相对于单眼而言的,它由多数小眼组成。每个小眼都有角膜、色素细胞、视网膜细胞、视杆等结构,是一个独立的感光单位。轴突从视网膜细胞向后伸出,穿过基膜会合成视神经。

◎捕捉瞬间变幻的蛙眼

与人一样,青蛙主要通过眼睛获得关于周围世界的信息。它能迅速地发现运动目标,确定目标在某一时刻的位置、运动方向和速度,并且立刻选择最佳的攻击时间。

青蛙为什么有这般功能呢？研究者们发现，蛙眼有4类神经纤维，即4种检测器，它们分别主管辨认、抽取、输入、视网膜图像这4种特征中的1种。

在蛙的实际生活中，这4种检测器是同时工作的。每种检测器都把自己抽取的图像特征传送到蛙脑中的视觉中枢——视顶盖。在视顶盖，视神经细胞由上而下分成4层：反差变化检测器神经元终止于上层，它抽取图像的暗前缘和后缘；其次是运动凸边检测器，它检测向视野中心运动的暗凸边；再次是抽取前缘的变暗检测器神经元的终止处。每层里都产生图像的1种特征，4层里的特征叠加在一起，得到青蛙所看见的综合图像。这

蛙 眼

好比画人脸一样：先草绘头的轮廓，再画眼睛、鼻、耳、嘴和头发，然后涂颜色，再衬光线，使图像具有立体感。如果将这些步骤分开来操作，每一步画在一张透明纸上，再把4张纸重叠在一起，即得到最后的人脸像。

◎鲎的紫外眼睛

不久前，科学工作者在研究鲎——一种海洋节肢动物时，发现它的眼睛有一种宝贵的性能。这种动物生活在亚洲东海岸、中美洲和北美洲及大西洋沿岸。在我国的东南沿海，北自浙江省的宁波，南至广东省的汕头，都有这种动

鲎

物，叫作中国鲎。它们在浅海里游泳，在海底爬行，或埋没在泥沙里。它的形态像蟹类，但却同蜘蛛和蝎子类似，在海洋中的首批鱼类还没出现之前，它就已经存在了。尽管漫长的岁月流逝，鲎变化却不大，故有"活化石"之称。

鲎有4只眼睛。前面的2只小眼，直径为0.5毫米左右，但都有自己的晶状体和视网膜，视网膜中有5080个感光细胞。它们对近紫外辐射最敏感，但在刺激停止后反应很快降为0。

因此，人们认为这种小眼是监视紫外线突然增多的感受器。对鲎的行为影响最大的是它两侧的复眼。鲎的复眼很像昆虫的复眼，但其中包括1000个小眼。鲎眼的每个感光细胞都有自己的透镜，将投射其上的光聚焦，沿神经末梢通到这些感光细胞上，在这里，光能转变为产生脉冲的电化学能。脉冲沿轴传递到脑做最后的加工。

人们模仿鲎眼视神经之间的相互抑制作用，研制成功了一种电模型，它是一台专门的模拟机，能解10个元素构成的网络方程。如果把某个本来很模糊的图像（X光照片、航空照片、月亮的照片等）展示给这台模型，图像就好像被聚焦了，边缘轮廓显得格外鲜明。应用这个原理制成的电视摄影机，能在微弱的光线下提供清晰度很高的电视影像。同样，也可以用这样的方法来提高雷达的显示灵敏度。

这种只对运动物体有反应的机器非常重要。前面我们谈过，探测飞机的雷达往往被建筑、树等反射的信号干扰。但飞机与它们不同的是，它在运动中。正是运动，才使雷达监测员把飞机分辨出来，并引导它到着陆地带，如果用简单方法让不动目标从雷达屏上消失，那工作起来该多么方便。

◎ 鸽子的眼定向

鸽子的眼睛可称之为神目，能在人眼不及的距离发现飞翔的老鹰。重复类似研究青蛙视觉系统的实验，发现鸽子视网膜有6种神经节细胞（检测器），分别对刺激图形的某些特征产生特殊的反应。

鸽　子

这6种检测器和相应抽取的图像特征是：①亮度；②凸边；③垂直边；④边缘；⑤方向运动；⑥水平边。其中方向运动检测器只对自上而下，而不对自下而上运动的任何刺激物体发生反应；水平边检测器对光点刺激不发生反应，却只对横过感受域的水平边向上或向下运动发生反应。

鸽眼还有个奇特的功能，它具有定向活动的特征，当它注视从东向西的飞行目标时，从西向东飞的目标就不会引起它的反应。

◎能前瞻后视的变色龙

非洲有一种叫避役的爬行动物。它有变色的本领，所以人们又叫它变色龙。它的两只眼睛能够单独活动而互不牵制，当一只眼睛向上或向前看时，另一只眼睛却可以向下或向后看。这样它既可以用一只眼睛注视猎物的动静，又可以用另一只眼睛去搜寻新的猎物。

你知道吗

变色龙变色的原因

变色龙变色取决于皮肤三层色素细胞。最深的一层由载黑素细胞构成，其中细胞带有的黑色素可与上一层细胞相互交融；中间层由鸟嘌呤细胞构成，它主要调控暗蓝色素；最外层细胞则主要是黄色素和红色素。色素细胞在神经的刺激下会使色素在各层之间交融变换，实现变色龙身体颜色的多种变化。

◎螳螂的目光如电

夏天，螳螂穿着"伪装服"，前足举在胸前，悄悄地隐蔽在树荫草丛之中。一有小虫出现，它就前足猛然一击，将昆虫一举捕获。它动作非常迅速，整个过程只有0.05秒。在这一瞬间,小昆虫还没来得及了解眼前的情景,就蓦地葬入了螳螂之腹。螳螂这样的发现和瞄准系统,使人类创造的上吨重的跟踪系统也相形见绌。

◎ 能精确分辨时间的复眼

昆虫的复眼一般含有5000～10 000个视觉单位,即小眼,这些"睒睒众目"

螳　螂

具有蜂窝状构造,它们的中心轴互成13°的角,一起构成了近似半球状的视野,昆虫的复眼虽然在空间上的分辨率比脊椎动物差,可是它们却具有极高的时间分辨率,它们都是特别的速度计。

有些昆虫的眼睛不仅能感受可见光,而且能感受我们人眼看不见的光线。现已查明,蜜蜂、蝇类、蚂蚁和蝴蝶等都可以清楚地看见紫外线。许多夜间活动的昆虫还能发射"紫外雷达"来探索周围环境。因为人看不见紫外线,热敏元件又探查不到它,因而具有很好的隐蔽性,研究和模仿昆虫的"紫外眼"也就具有一定的军事意义。

有一种象鼻虫,根据目标从它复眼的一点移动到另一点所需要的时间,便能计算出自己相对于地面的飞行速度。正因为这样,它的着陆动作十分完美,既不会飞得太慢而失速,也不会飞得太快而过头。猫眼的瞳孔会随着光线的强弱而自动改变,白天瞳孔缩成一条线,

趣味点击　猫的"肢体语言"

如果猫依偎在人的脚下、身旁,用头蹭是亲热的表现;如果猫的喉咙里发出叽里咕噜的声音,就表明它心情很好;猫前脚往里弯表示它的安心和依赖;猫在人类面前嘴巴张大表示信任。

夜晚变得又大又圆，因此，白天夜晚都能看清东西。

◎功能奇特的各种眼睛

新西兰有一种形似鳄鱼的爬行动物叫鳄蜥，除了在头部的两侧有一对眼睛外，在头部中央还生有一只"颅顶眼"。鳄蜥未老时，这只眼睛能准确地观察外界事物，一旦年老，便逐渐退化，失去作用。鳄鱼的眼睛可水陆两用，它的眼睛除了有上下眼皮外，还有一个透明的"第三眼皮"。

在岸上，它把这层眼睛皮收进去，到水里就放下，防止水入眼中。树须鱼由于长期生活在深水中，眼睛已经退化，视力消失，变成了"睁眼瞎"。它靠嘴巴上长出的"小树枝"——触须，来探测环境，搜捕食物。深海中的巨尾鱼，眼睛长得特别大，特别凸，活像一副望远镜。如果没有这副"望远镜"，它什么也看不见。

深海中的发光鱼，在眼睛的上方长着一根"钓竿"，钓竿顶上带着的"诱饵"，一闪一闪地发着光，馋嘴的小鱼一上钩，就成了它的美餐。比目鱼生活在海底的沙滩上，身子的一侧总贴着海底，所以它两只鼓鼓的眼睛全长在向上的侧头顶上。四眼鱼生活在接近水面的地方。它的眼睛分成上下两瓣，中间有一层隔膜隔开，上面两只眼睛看天空，下面两只眼睛看水中。沙蟹的眼睛长在长柄顶端，有如潜望镜，能俯视平坦沙地的敌人和猎物，若有危险，它就把眼睛柄横折入壳前端的凹槽中，迅速逃入洞穴。

豉虫生活在水上，从外表看只有两只眼睛，但每只眼睛的角膜分成上下两部分，实际上有4只眼睛，上面的两只观察水面上的东西，下面的两只

虎蜘蛛

看水下。一般的蜘蛛有6只眼睛,虎蜘蛛却有8只,它不会结网,这就需要有广阔的视野,8只眼睛一齐看,可以做到"眼观八方"了。鹰眼的敏锐程度在鸟类中是名列前茅的,它比人眼敏锐12倍,而且视野非常开阔,即便在高空飞翔,也能一下子发现地面上的小兔、小鸡。

蜻蜓有一只宝石般明亮的、突出的复眼,构造精巧,功能奇异,由28 000只表面呈六角形的"小眼"紧密排列组合而成,占头部二分之一还多呢!每只小眼都自成体系,都有自己的趋光系统和感觉细胞,都能看东西。

顺风耳

◎ 人的听力有多强

自然界存在的声音比我们能听到的要多得多,事实上,自然界的一切声音,我们可以听到的还不到10%。超出我们听觉的其余声音是可以记录下来的,人类的听觉范围大约是16~30 000周/秒这样的频率。对大多数儿童来说,23 000周/秒是极限,而成年人一般是20 000周/秒。可能有少数成年人能听到频率高于10 000周/秒或低于50周/秒的声音。而蝙蝠却能听到100 000周/秒这么高频率的声音,它的听觉范围的顶峰几乎可达到300 000周/秒。

有些科学家认为,人类的耳朵可以听见超声波,但他们是在室内用实验加以证明的,声源放在每个受试者的额头或耳朵后面的乳突上,这就意味着,振动是

拓展阅读

感受声音

人对声音不光是靠耳朵听到,而且有奇特的感应力。医学研究发现人对15赫兹以下、22千赫兹以上的声音有奇特的感应力,它们会给人以身体和神经方面的刺激。

通过颅骨，而不是通过正常通道——空气和外耳传导的。这种情况在一般条件下是碰不到的。他们认为，如果声音频率具有足够大的强度在水中传播的话，那么正在游泳的人就能将这个高频率的声音通过和水接触的颅骨传导到他的声音记录中枢。

人类的耳朵经受声音的强度和响度的范围极大，但较大强度的噪音会使精巧的耳朵机能产生永久性损伤。我们对动物所能忍受的噪音强度还不大清楚，但可推测出这个强度范围的变化肯定比人大。

对有些动物进行观察后发现，使人们感觉到很不舒服的响度对这些动物似乎并不打扰，例如，海豹在水中发出的叫声可以使潜水员感到非常不适，然而对其他海豹却无多大影响。

◎地下窃听专家的耳朵

在夜间捕食的大多数动物，一般都有较大的耳朵和灵敏的听觉中枢。就以非洲发现的土猪为例，这种土猪体重有 67.5 千克，却以食蚂蚁为生。它有一对耳朵和一个笨重的长鼻子，别看它长相奇丑，然而却是非常有本领的动物之一。它那善于转动的长耳朵可以听到物体内白蚁的活动声，在静寂的夜晚，当土猪听到这些声音后，就毫不留情地把它们挖出来吃得精光。

还有一些习性相类似的其他动物，例如指猴，它能听到钻木甲虫幼体的活动声，继而用前肢上很细的中指将它们挖出来。更奇妙的是非洲的蝙蝠耳狐，它以吃白蚁和其他昆虫为生，偶尔也吃水果或小脊椎动物，它的每只耳朵和头一样大。非洲北部的一种小狐也有

指 猴

同样大的耳朵,并且是一个出色的搜捕者,在黑暗中它能听到鼠类、鸟类、蜥蜴或昆虫发出的最轻微的活动声,甚至能听到它们的呼吸声。

经常生活在地洞中的动物(像鼹鼠)和一些在夜间离开巢穴的动物,几乎看不见它们的耳朵,只有一个没有耳廓的小孔,有的还被软毛覆盖着,那些软毛可以防止洞穴中的灰尘堵塞耳朵。

当然,这种结构对听觉有一定影响,但它可以得到从地面传来的、通过骨骼和颅骨直接达到内耳的低频振动,从而补偿结构上的不足。

敏锐的鼻子

◎ 狗和鳗鱼的精确鼻子

动物神奇的不仅是眼和耳,还有鼻子。最典型的是狗的鼻子,它能嗅出200万种并且浓度不同的物质的气味。一立方厘米空气,只要其中有几个油酸分子,狗就能嗅出来。

鳗 鱼

有一种鳗鱼嗅觉也很发达,如果在颐和园的昆明湖水中,均匀地混入几微克的酒精,那么这种鳗鱼也能从中嗅出酒精的气味来,甚至稀释至十万分之一的苯乙酸就能把鱼吓跑。

◎ 逐臭之夫苍蝇的逐臭术

苍蝇是声名狼藉的"逐臭之夫",凡是腥臭污秽之处,它们无不追逐而至。其实苍蝇的嗅觉器官是非常发达的,它的嗅觉感受器分布在触角上,每个感受器是一个小腔，它与外界沟通，含有感觉神经元树突的嗅觉杆突入其中。

> **知识小链接**
>
> **神经脉冲以单一方向前进**
>
> 当神经脉冲由一个神经元传到另外一个神经元时，会经过一处叫突触的地方。突触就像是两个接触点之间的一道缝，当神经脉冲来到这道缝时，会变成一些化学物质，然后扩散过去，这样就能确保神经脉冲能以单一方向前进。

这种感受器非常灵敏，因为每个小腔内都有上万个神经元。用各种化学物质的蒸气作用于蝇的触角，从头部神经节引导生物电位时，可记录到不同气味的物质产生的电信号，并能测量神经脉冲的振幅和频率。

◎占大脑三分之二的嗅觉中枢

鲨鱼一般都有非常敏锐的嗅觉，特别是对血；鲨鱼脑中有一个很大的区域是嗅觉中枢，许多种鲨鱼其嗅觉中枢占整个脑的三分之二。这就使鲨鱼不仅能嗅到距离很远的气味，而且能在汪洋大海中嗅到非常微弱的气味。它们依赖这个器官的程度是如此之大，当切除大脑半球（主要是嗅叶）时，就失去了高等动物所具有的天性的活动。

电脑图的记录还能告诉我们，鲨鱼对哪些气味有反应，从而丰富了我们的知识。有些实验结果对捕鱼者来说是非常有用的，这些结果表明，不但是血，就连金枪鱼的肉对鲨鱼也有着极大的吸引力。

◎左右摇摆——天才的嗅觉寻找方式

像海豚靠头的左右摇摆来判断声音和回声定位那样，鲨鱼也是左右摇摆着头来辨别气味来源的精确方向。两个鼻孔分析不同浓度的气味，就像两只耳朵辨别不同的声音一样，它总是朝着浓度大的一边游去。堵住一个鼻孔就会使鲨鱼团团转。

动物的两个鼻孔分得很开,这是很合理的结构,便于它们在黑暗中发现食物。锤头鲨宽阔头颅的前沿有一对嗅沟,并且呈凹缝,使鼻孔极为灵敏,再加上左右摇摆进行搜寻,这些特点就使鲨鱼具有一种惊人的搜捕能力。

◎ 入地三分的嗅觉

新西兰有种不会飞的无翼鸟,是以食蠕虫为主的夜间动物。它们在吃周围的虫子时显得特别活跃。虽然蠕虫躲在地底下能逃避许多鸟类、两栖类、爬虫类和以蠕虫为美味的其他动物,但逃不出无翼鸟的掌心。这种鸟的长嘴尖端有鼻孔,当地面没有昆虫时,它就把那探针似的长尖嘴扎进地面,像鼹鼠一样,根据蠕虫的气味来探索和发现,并熟练地将其逮出来。

此外,它长嘴的上端也像大多数的鸟那样有鼻孔,这对无翼鸟来说是非常有益的。

◎ 为什么动物鼻子比人灵

为什么很多动物的嗅觉器官比人类发达呢?从解剖学的观点看,人脑属于"新脑",大脑皮质高度发达,而嗅叶则萎缩,仅留下一个很小的嗅球,鼻腔内,嗅膜面积约为 5 平方厘米,嗅觉细胞约有 500 万个。而动物脑属于"古脑",很多哺乳动物的大脑有很大的嗅叶,鼻腔因嗅觉需要,充分发育,鼻内有较大的嗅区。就拿狗来说,鼻腔内嗅膜面积占 150 平方厘米,嗅觉细胞竟达 2.2 亿个之多!

嗅觉是怎样引起的?当空气中的气味分子接触嗅觉感受器后,就刺激嗅觉细胞,嗅觉细胞将刺激迅速转换为输入脉冲信号,由嗅觉神经传到大脑嗅区。

动物的嗅觉之所以特别灵敏,不但说明动物的嗅觉感受器有极其敏感的接受能力,也告诉我们:动物大脑的嗅区有高超的终端识别力。

◎ 象甩鼻子猪拱地——鼻有其妙

去过坦桑尼亚天然动物园的人,有时在其原野上能看到一个奇怪的现象:大象常常高举起鼻子,好像向空中搜索什么似的。它在干什么?

原来象的视觉很差,而嗅觉和味觉却十分发达。大象高举起鼻子,就是在搜索空气中的"气味情报",根据气味来判断有没有其他动物走近,以思索如何应对。当大象还没有闻到异常的气味时,它往往疑虑重重、踌躇不前。

大 象

有一篇童话称猪为"割掉鼻子的大象"。说它什么都吃,其实并非如此。猪拿鼻子拱来拱去的,就是凭嗅觉去找东西吃,有人曾把243种蔬菜放在猪的面前,猪就专拣其中72种好吃的吃,不好吃的,它碰也不碰,这样看来,猪也有聪明之处呢!

趣味点击　十二生肖之末——猪

在天宫排生肖那天,猪自知体笨行走慢,便半夜起床赶去排队当生肖。但由于路途实在遥远,等猪辛辛苦苦爬到南天门,排生肖的时辰已过。猪苦苦央求,最后终于感动了天神,把猪放进南天门,当上了最后一名生肖。

◎ 动物嗅觉妙用

动物嗅觉发达,是因为它们要靠嗅觉觅食、逃避危险和追踪猎物,另外,还得靠它进行信息交流。动物间的交流,是通过发出化学气味来进行的,这就是动物间的"化学语言",也叫化学信息素。蚂蚁、蜜蜂等昆虫就是利用气味来区分敌友、猎取食物、传递消息、发出警报、决定行动、寻找配偶和促进发育的,离开了气味,这些动物就不能生存。

工蜂会释放出一种含有 E－柠檬醛的化学气味,招引几百米内的伙伴集合在一起。一只雌蚕蛾发出的性引诱气味,可引诱远在 2500 米以外的雄蚕蛾飞来。一只雌松树锯蝇被关在笼子里,它所发出的性引诱素气味,可招来 11 000 只雄蝇!有的雄昆虫在交配前会产生像柠檬、花朵、巧克力、麝香那样的香味,以激发雌昆虫。雌狗发情时会分泌出基苯甲酸酯的化学气味来吸引异性。

超级导航功夫

◎ 海豚的定位本领

如果我们把海豚捕来饲养在水池中,就会发现,无论白天还是黑夜,它们都能成功地捕到鱼吃。原来,它们也有自己的声呐设备。当水池中的海豚觅食时,用水听器能听到轻微的吱吱声。

基本小知识

声　呐

声呐就是利用水中声波对水下目标进行探测、定位和通信的电子设备,是水声学中应用最广泛、最重要的一种装置。声呐分主动式和被动式两种类型。

有人做过这样的实验:把丧失知觉的鱼,从停泊于贮水池边的小船上不声不响地放入水中,水池中的海豚便径直游向小鱼,且自始至终地发出吱吱声。这时候,水很浑浊,无论如何也不可能从远处看见鱼(实验是在夜间进行的）。如果海豚已经游过小船，人们小心地把鱼放入小船的另一边，它会立即折转回来。为了查明海豚距离多远能发现鱼，有人做了下述实验：由小船上垂直一条2.5米长的渔网，网下垂到水池底部，到小船的途径有两个过道。这样，海豚从2.5米距离以外就得决定，须从哪一边游向小船才能捕到鱼吃。两个人分别坐在船尾，即网之异侧。若其中一个人把鱼放入水中，另一个握手于水下，好像也要供给海豚食物。

海 豚

结果，海豚几乎每次都选择了有鱼的那个侧面，白天和黑夜进行的实验，结果是完全一样的。

海豚用声音分辨目标的本领也是很高的。如果我们用橡皮吸杯蒙住海豚的眼睛，它仍能准确辨认物体的大小和形状——每次都冲向它的食物鱼，而不是冲向同样大小和形状的充满水的塑料瓶子。令人吃惊的是，海豚竟能分辨3千米以外的鱼的性质——不论是它喜食的石首鱼，还是厌恶的鲻鱼！特别是印度河中有一种瞎眼睛的海豚，叫作盲海豚，同样能准确地捕捉食物。海豚还能识别不同的金属，甚至当不同金属有同一强度的回声时，也能区别出来。

用吸杯蒙住海豚的眼睛，可以训练它判断两个镍钢球中哪个大。例如，一个球直径为5.2厘米，另一个为6.1厘米，判断对的几率为100%；若一个直径5.5厘米，另一个为6.1厘米，则为77%。

◎ 靠太阳定位的蜜蜂

蜜蜂是以繁忙而辛勤的劳动著称的，我们吃的蜂蜜就是它们的产品。所以，恩格斯把蜜蜂叫作"能以器官——工具生产的动物"。后来的研究，又揭

人类的仿生技术 生物的奇功

蜜 蜂

示了它们生活中的许多奥秘。现在已知，蜜蜂是具有天然偏光导航仪和生物钟的典型代表。

蜜蜂是怎样确定太阳方位的呢？蜜蜂共有5只眼：头两侧有两只大的眼睛，每只由6300只小眼组成，叫作复眼；另外3只生长在头甲上，叫额眼，它们是单眼，现在证明它们起光度计的作用。换言之，单眼是照明强度的感受器，能分辨照度，它们决定蜜蜂早晨飞出去和晚上归巢的时间，复眼中的每个小眼由8个感光细胞组成，并做辐射状排列。实验证明，蜜蜂正是利用这些小眼感受太阳偏振光，并据此来定向的。

◎昆虫的偏移修正系统

我们往往把无目的地东碰西撞的行动说成"像无头苍蝇一样"。其实，苍蝇的楫翅（平衡棒）能调节自身翅膀向后返回的运动，并保持虫体的紧张性，使之能一举离去。但楫翅最重要的功能是作为振动陀螺仪——在飞行中使之保持航向而不使偏离的导航系统，它是自然界中的天然导航仪。

大家知道陀螺转动时，它的轴总是朝着某一个方向不变的。苍蝇飞行时，楫翅以很高的频率（330次/秒）振动着，这种振动产生陀螺效应，使之飞行中能保持稳定。当偏离航向时，楫翅产生扭转振动，这个变化被其基部的感觉器感受，并把偏离信号发送到脑子。脑分析了发来的信号后，发出改变该侧翅膀运动速度的指令，于是把偏离的航向纠正过来了，大多数双翅昆虫都有这种功能。

◎ 长途旅行者的本领

在千百万年以前，某些动物就具有卓有成效的导航本领，其"导航仪器"的小巧性、灵敏性和可靠性，至今仍然使人们惊叹不已。鸟、鱼、鲸和海龟等都能在空中或海上航行几千千米，乃至万余千米，并准确无误地到达目的地。例如，有一种中等大小的鸟，身长35厘米左右，叫北极燕鸥，它营巢于北极。而在南极越冬，每年飞行4万多千米。鸽子也有卓越的航行本领，信鸽一般能从200~2000千米以外的地方飞回鸽舍。

将上海的一批家鸽运往北京，在那里放飞后，它们便径直飞回上海，其中有一只叫"小雨点"的鸽，风雨无阻，兼程返沪。绿色海龟是有名的航海能手。每年3月，当产卵季节到来时，它们便成群结队从巴西沿海向阿森匈岛进发。这个小岛坐落在南大西洋中，距离巴西2200千米，距离非洲1600千米，小岛全长只有几千米，真可谓"沧海一粟"。但是，海龟却能准确无误地找到它。它们在岛上产卵后，6月间，又爬入波涛汹涌的大海，踏上返回巴西的漫长征途。孵化出来的幼龟

拓展思考

鸟类识途的原因

鸟类能将太阳作为罗盘确定方向。进一步的研究发现，鸽子在晴天会用太阳作为罗盘，但是当太阳不可见时，它们就主要参考感应到的地磁信号了。那些在黎明和黄昏时分行动的候鸟，很有可能是通过日出和日落时的偏振光来确定方向的。

北极燕鸥

也游回巴西沿海，它们长大后再回"故乡岛"上产卵。

◎鸟类的观星导航天才

人们对某些鸟一年两次世界范围的迁徙，已经注意若干世纪了。这些小东西怎么识别路途呢？在茫茫大海上行船，没有导航仪器是不可想象的事，古往今来，不知有多少航船因导航失灵而遇难，多少航海者因迷失方向而丧生。因此，为了解决海上导航问题，人们不惜耗费巨资来研制各种精密仪器。

然而，在海洋上定期迁徙的海鸟却天生具备准确的导航性能，它们无论是千里飞翔，还是万里远行，总能够准确无误地抵达目的地。像北极燕鸥，每隔两年就要进行一次从北极到南极的长途旅行，若没有高超的导航本领，是无法飞越这漫长的旅途的。那么这些海鸟在一望无际的大海上空飞行，是靠什么来导航的呢？这是一个颇有研究价值的问题，人们做了各种各样的试验进行观察和研究，有人将出生在英国斯克科尔姆的曼克海鸥分别送到欧洲大陆各个地方释放，结果发现，当天气晴朗的时候，这些被释放的海鸥都不约而同地朝着它们的出生地飞去。

有一只海鸥是由水路经大西洋，过直布罗陀海峡，再经地中海被送往意大利的威尼斯城，然后才被释放的，可这只海鸥竟没有从原路返回，而是选择了一条近得多的陆路直飞斯克科尔姆岛。它飞越阿尔卑斯山，横穿法国和英吉利海峡，行程1700多千米，历时10天，顺利回到了自己的出生地。还有一种莱森信天翁也被人们从它们的栖居地带往遥远的他乡，这些鸟儿一旦获释，便以惊人的速度返回故乡，其中有一只仅仅用了10天时间就飞完了5800多千米的路程，真是归心似箭啊！

有些海鸟在旅途中昼夜兼程，人们为了观察它们在夜间的飞行情况，在这些鸟儿身上系上小灯泡进行试验，结果发现，在月朗星稀的夜里，鸟儿总是毫不犹豫地直接朝故乡的方向飞去。而当星空阴云密布的时候，情况就不同了，许多鸟显得惶惶不知所为，进行毫无目的的盘旋和起降，直到天气转晴，才又恢复正常的飞行。根据这些现象，人们开始猜测，海鸟很可能是依靠星象来导航的。

为了证实这一点，科学家们设计了一个可以由人工控制的人造"星空"，将捕到的海鸟置于其中。果然，海鸟就像在自然环境里一样，准确地调整了自己的飞行方向。尤其当"星空"出现与其出生地相应的景象时，它们更显得异常兴奋，表现出了跃跃欲飞的架势。这个实验证实了海鸟根据星象来进行定位的推测。

海　鸥

海鸟为什么会有这种特殊的生理机能呢？有些科学家提出，光照周期可能是其中的关键因素。他们认为，所有的海鸟体内都有生物钟，这些生物钟始终保持着与它们出生地或摄食地相同的太阳节律。另外一种意见则认为，海鸟高超的导航本领是由于它们高度发达的眼睛能够测量出太阳的地平经度。不过，这些假设目前都未有结论，仍在进一步探索之中。

现在还有一种比较流行的理论认为，鸟类的迁徙习性是史前时期觅食困难造成的，为了寻找食物，鸟儿不得不进行周期性的长途旅行。这样年复一年，世世代代，经过漫长的演化过程，各种迁徙习性被记录在它们的基因遗传密码上，然后通过核糖酸分子一代一代传了下来。像那些很早就被它们父母抛弃了的幼鸟在没有成鸟带领，也没有任何迁徙经验的情况下，竟能成功地飞行几千里，抵达它们从未到过的冬季摄食地。看来鸟类这种内在的迁徙本领只能用遗传来解释了。

另外，我们知道，在星象导航中最重要的条件莫过于星星的位置了。然而天体却并不是永恒不变的，像我们地球所属的太阳系就有许多昼夜运行着的行星。那些利用星象导航的海鸟为什么不会被这些明亮的运行行星所迷惑呢？鸟类的遗传又是如何适应行星的逐年变化呢？至今人们尚未揭开其中的奥秘。

在研究中，人们还发现，海鸟除了利用星象导航以外，它们的红外敏感性、对地球电磁场的反应，以及它们的嗅觉和回声定位系统可能也在导航中起了一定的作用。不过就目前来看，似乎可以说星象是海鸟赖以导航的主要依据。

奇特的化学才能

说罢动物的定向之后，要讲讲它们的化学本领。这些无师自通的化学家有时的确叫人惊叹。且看——

◎ 海洋贝壳的黏胶

茗荷儿，又名石砌、藤壶，是一种海洋甲壳动物，它生活在近岸地带，附在峭壁上，故能经得起海浪猛烈的冲击，它也常在船身上，致使船速变慢，所以必须设法除掉。人们在研究抗附着生物的材料时，开始对它注意。

原来，这种小动物在成熟初期，能分泌一种黏液，用以把它终生固定在一个地方，黏液把它固定得非常牢靠，以至于要把它从船壳上除掉时，往往会把钢屑也带下来。

拓展阅读

藤壶的受精繁殖

藤壶是雌雄同体，异体受精。由于它们固着不能行动，在生殖期间，必须靠着能伸缩的细管，将精子送入别的藤壶中使卵受精。待卵受精后，经三四个月孵化。

现已用特殊的薄层色层分析法鉴定，这种黏液由 24 种氨基酸和氨基糖组成。

◎ 不可鄙视的鳄鱼眼泪

古老的传说中，鳄鱼在吞食牺牲品时总是流着悲痛的眼泪。所以，人们用众所周知的谚语"鳄鱼的眼泪"，来形容那些伪君子。近年来的研究发现，鳄鱼的"泪水"是很丰富的，但这并不是怜悯，也不是多愁善感，而是排泄出来的盐溶液。对鳄鱼"眼泪"秘密的揭示，是近年来生理科学的一个发现。

鳄 鱼

我们知道，有些动物的肾脏是不完善的排泄器官，为了从体内排除多余的盐分，它们就发展了帮助肾脏进行工作的特殊腺体。对于鳄鱼来说，这种排泄溶液的腺体正好位于眼睛附近，所以当它们吞吃牺牲品时，竟被误认为在流"痛苦"的眼泪了。

◎ 毒蛙之毒

生活在南美洲哥伦比亚的印第安土著，在很古老的时候，就知道热带丛林中的某些蛙类，背部能分泌出一种剧毒物质。猎人用这种蛙毒作为一种箭毒，涂于箭头或矛尖，用以狩猎，不论多凶的野兽，见血封喉。但这种剧毒物质的作用究竟是怎样的，印第安人并不感兴趣，科学家也没有弄清楚。后来，有两名美国医生做了一系列复杂的研究之后，才弄清楚是怎么回事。

原来，这种被科学家们称为"蛙毒"的物质，能破坏神经系统的正常活动。这种蛙毒只要有一点点进入兽类体内，就能破坏其体内的离子交换，使神经细胞膜成为神经脉的不良导体。由神经中枢发出的指令，不能正常到达组织器官，从而导致心脏停止跳动。

◎化纤纺织专家——蜘蛛

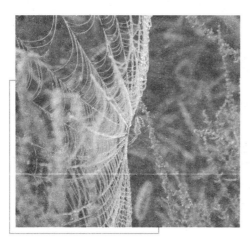

蜘蛛网

蜘蛛雨中结网,为什么不怕雨水打湿将网坠破?蜘蛛由天花板上吐丝下降时,往往能在半空中戛然而止,不至因为倒栽葱来个"嘴啃泥",这又是什么原因呢?这个谜终于被研究人员揭开。有人仔细测试了某些蜘蛛丝的强度和伸长度,结果发现蜘蛛网在潮湿时变得像橡皮筋一样富有弹性,几乎要伸长50%才能将蛛丝拉断。而蛛丝的强度几乎和轮胎中用的尼龙帘子线一样结实,在断裂时却比尼龙丝伸长2倍,因为这一特点,蜘蛛能在雨中结网,而且结成网后,也不至被每天清晨的露水重量坠破。

蜘蛛丝为什么能具备这种优良的性能?原来这和它的分子形状有着密切的关系。在合成高分子化合物的溶液中,分子呈长链状,像一条柔顺的丝,分子形状有显著的几何不对称性,因此分子排列是杂乱无章的。这种溶液制成的纤维,强度很低,不堪一拉,所以在化学纤维的纺制中,用外力将刚成形还处于塑性状态的纤维拉伸,就能使纤维中的分

你知道吗

世界上最大的蜘蛛——格莱斯捕鸟蛛

世界上最大的蜘蛛是生活在南美洲的潮湿森林中的格莱斯捕鸟蛛。格莱斯捕鸟蛛在树林中织网,以网来捕捉自投罗网的鸟类为食。当它咬住猎物时,它先设法使猎物不能动弹,然后,将消化液注入猎物体内,这时,它就可以吃到美味了。

子长链顺拉力方向整齐排列。

这种排列整齐的分子能团结一致承受外力，纤维变得异常坚牢。这种通过拉伸使分子朝一定方向来提高纤维强度的技术，是20世纪随化学纤维的发展才在纺织工业中得到应用的，而蜘蛛在几百万年中就早已不断应用这项拉伸技术了。

蜘蛛吐丝时，也是通过拉伸来提高丝的强度的。它有3种拉伸方法：①将丝液从下腹后部的一对囊袋中挤出后，蛛丝一端黏附在一个支持物上，如天花板或树枝上，然后利用蜘蛛本身的重量从空中降下，蜘蛛本身下降的速度要大于吐丝速度，这样就将蛛丝拉伸，达到一定强度后，蜘蛛停止吐丝，就能悬在半空；②将蛛丝一端黏附在支持物上后，蜘蛛随即迅速跑开，在走动的过程中将蛛丝拉伸；③蜘蛛利用它的四条腿，将蛛丝从囊袋中拉出。

◎ 动物的化学武器

在动物世界里，很多动物有着非常奇特、厉害的"化学武器"，这种武器是它们赖以御敌、出奇制胜、捕获猎物的法宝。蚊虫在吸血时先向人体注射一种叫甲酸的"麻醉剂"，使人暂时不能觉察它的袭击。待到发现它时，它早已饱餐而去。毒蜘蛛、蝎子、蜈蚣等也有着各自的毒液武器。

蜜蜂的"箭"不仅使人又痒又疼，还会招来其他的蜜蜂群起而攻之。原来，它射出的螯刺和毒腺，不仅能释放出一种醋酸异戊烷致人痒疼，还能引来其他蜜蜂继续实施攻击。

马蜂蜇人更加厉害。南美洲有一种称为"杀人蜂"的马蜂能叮人致死。云南省玉溪县曾发生过马蜂

臭 鼬

叮死人的事件。更为有趣的是一种无刺的大蜂专以打家劫舍为生。蜂群在行动前会派一名"敢死队员"窜入普通蜂巢内。这只蜂"阵亡"后立即释放出"告警信息毒",使巢内的蜂纷纷昏迷,它的同伙则乘机而入,抢掠一空。

古埃及时,蜂毒即被人用来治疗风湿病、皮肤病等。日本科学家曾从蜂毒中提取一种对昆虫神经有抑制作用,而对人畜无害的蛋白质,用于防治虫害。

趣味点击 蛇獴和眼镜蛇的对决

把蛇獴和眼镜蛇放在一起,开始时蛇獴全身的毛竖起来,眼镜蛇盯着蛇獴不敢乱动。蛇獴见蛇伏着不动,便向前去逗弄它。眼镜蛇发怒了,前半身竖起来,颈部膨大,发出"呼呼"的声音,一次一次地把头伸向蛇獴。蛇獴很灵活,躲得很快。等到眼镜蛇筋疲力尽,蛇獴摸到它的身后,出其不意地一口咬住它的脖子,把它咬死,吃了它的肉。

臭鼬能分泌500米之外就能嗅到臭味的液体,能使猎犬鼻孔流涎、畏缩不前,猎人也会恶心呕吐。它依靠这种"嗅炮",使很多敌手退避三舍。在非洲和南亚的森林中,一只小鸟突然坠落,原来它被一种眼镜蛇射出的、射程可达4米的液体击毙。然而,正享用小鸟的蛇碰上了蛇獴,尽管它连射毒液,却无济于事,很快就被蛇獴吃了。

蛇獴何以不畏蛇毒?原因是它体内能分泌出一种奇特的化学物质,可以分解毒液。至于毒蛇体与毒液在医学上被广泛应用,则是众所周知的了。

1808年拿破仑远征西班牙时,很多士兵身上长出奇特的红斑,经查,这是"炮虫"攻击的结果。这种体长1厘米的小甲虫被称为"炮虫",遇敌时尾部爆响,射出毒弹并伴有黄色的烟雾和毒气。

犰狳与"炮虫"相比,前者可谓庞然大物,且头尾及脑部都有鳞片。当"炮虫"受犰狳追击时,会连连向犰狳"炮击",犰狳居然败退不前,落荒而逃。"炮虫"体内有过氧化氢、对苯二酚等化学物质,经过酶的作用迅速分解,生成带黄色有毒的对苯醌。由于分解迅速、骤然膨胀,喷射距离竟可达

30厘米以上，不仅能连发，而且能背向瞄准，几乎百发百中。

一种生长在墨西哥及美国得克萨斯州的蜥蜴，外表很像蟾蜍。它能从眼睛里喷射出血滴，喷射距离可达2米以上，能置人于死地。动物的化学战在海洋中也可见到。章鱼不仅能施放烟幕障目，而且捕到食物后还不急于吞食。它先用坚硬的嘴将其撕裂，然后喷射一种化学剂，不一会儿，猎物的肌体液化后章鱼才大饱口福。

另有一种章鱼可以喷射毒汁使蟹丧生，然而它们也不急于享用，而是等候蟹体内的毒汁被海水清洗后，再慢慢进餐。

乌贼遇敌时施放"烟幕"掩护逃窜。有种小乌贼办法更胜一筹，它不施放烟幕，而是抛出一种含盐酸与硫酸的唾液，其腐蚀性极强，别说动物肌体，就是滴在花岗岩上，花岗岩也会"冒着

乌 贼

浓烟、蒸腾起来"，故大家都不敢去惹它。章鱼与海蟹激战时，海蟹的两螯握有一只海葵舞个不停，海葵不仅有大量的触手，而且每只触手都能射出带毒的刺丝。章鱼招架不住，只好施放烟幕，溜之大吉。

鱼类的化学武器多为刺鳍，胆星鱼长有带剧毒的刺鳞，用于搏击；澳大利亚的石头鱼的毒刺一旦刺着人，可置人于死地；赤鱼的尾棘，刺着树根后，竟能使整棵树逐渐枯萎。

凶残的鲨鱼对小小的比目鱼却一筹莫展。原因是比目鱼能排泄一种乳白色的液体，毒性极强。鲨鱼一旦沾上这种液体，嘴巴立即僵硬。现在人工合成的比目鱼素，称为"防鲨灵"，可以制伏海上的恶霸——鲨鱼。

河豚的内脏带有剧毒，还能排出带剧毒的鱼卵素御敌。倘若它不幸被别的动物吞食，吞食者很快就会发现，自己将付出惨重的代价。虽然河豚的内

脏剧毒无比，但是从河豚肝脏中提取制成的"新生油"能治疗食道癌、鼻咽癌、胃癌等恶性肿瘤，河豚毒素还能治疗胃痉挛、神经痛等，并可用于晚期癌症的止痛。形形色色的动物化学战，令人趣味盎然，它对仿生学的研究、模拟高度完善的生物机体结构、促进现代科学技术的发展等，都将大有裨益。

怪异的发电技巧

◎ 海洋生物的光细胞

海洋生物是怎样发光的？这是一个引人入胜的问题。海洋有机体发出"冷光"的物质称为荧光素。荧光素分子在荧光酶的辅助下与氧气发生化学反应，形成一种处于激发状态的不稳定分子。当这种分子衰变为稳定的、处于较低能级的分子时就放射出可见光的光子。这种由化学能向辐射能的转换过程是直接的，高效的，不散发热量的。

就大部分海洋生物来说，这种化学反应和光的放射是在体内的特种细胞——光细胞内进行的。有些海洋生物则是将发光剂喷射到海水里，在那里进行化学反应而发光的。有些鱼类没有自己的发光剂，而是借用共生的发光细菌来发光。发光细菌的光是持续光，因此，"借光者"为了控制发光的时机，它的发光器官内还必须具有一种类似照相机快门的系统。

最常见的海洋发光生物是一种被称为腰皮鞭毛虫的单细胞浮游生物。它受到机械刺激就会闪光，留下光迹。几乎任何刺激因素——海水化学成分的变化、压力的脉动、超声和激光的刺激都能使它闪光。腰皮鞭毛虫有一个发光的生理节奏周期，夜间的发光强度最大。这种节奏周期即使在持续黑暗的实验室条件下也能维持数日不变。在拉美的某些海湾中，密集的腰皮鞭毛虫受到船头和船尾的冲击时，发出的光很强烈，几乎可与满月的光辉相媲美，因此成为旅游者竞相观赏的胜景。

光谱测量表明，腰皮鞭毛虫发光最强时的波长为 475 毫微米（1 毫微米为十亿分之一米），这很接近于明净海水的最大透光率和大部分海洋生物视色素的最大吸收率，所以能产生最好的视觉效果。几乎所有主要种类的海洋生物都有能发光的品种。据统计，生活在中等深度的虾类中有 70% 的品种和个体能发光；鱼类中有 70% 的品种和 90% 的个体能发光。有些鱼虾具有非常精致的发光器官，由类似快门、反光器、滤色镜和透镜等部分组成。每个个体可能拥有许多发光器（可以多达 800 个以上），构造各不相同，而且分布在身体的各个部位。

那么，海洋生物发光的目的何在？它在生物进化上又有什么意义呢？首先，海洋里的生存竞争非常激烈，因此海洋生物必须具有自卫能力。发光就是某些海洋生物避敌以求生存的一种手段。就拿腰皮鞭毛虫来说吧，为了不使自己被其他浮游生物吃掉，它在受到侵害时就开始闪光，使敌害突然受到惊扰，迅速游开，不能安心觅食。许多小的甲壳动物和腔肠动物在受到触摸时能一次或多次闪光，有一些动物则不闪光，而是向水里释放荧光素和荧光酶，通过化学变化产生一片发光云，以逃避敌害，这与乌贼鱼喷吐"墨汁"以掩护逃跑简直有异曲同工之妙。在离海面 700~800 米的海水里，外面的光线还能透进来，因此在这一深度游动的生物会在微亮的背景上留一侧影。

为了不让自己被从下方游过的敌害发现和吞食，许多鱼虾的腹部都长有一排排发光器官，通过发光消除黑影。这些生物还能调节发光的强度、颜色和光线的角度分布，以便同亮度的背景相适应，保证长途回游的安全。许多鱼类的眼睛里还有一个小的发光器，显然它是用做调节腹部发光强度的参考标准的。海洋生物为了生存，还得觅食。发光于是又成了捕捉异类的诱饵。灯笼鱼的头部有一个前灯型的发光器；闪光鱼和许多深海鱼类的眼睛下方有许多巨大发光器。雌性的闪光鱼头部生有一根钓竿状的附肢，端部的肉质小球发生闪烁的微光，引诱小鱼上钩，所以有人戏称这种鱼是"会钓鱼的鱼"。又有一种闪光鱼长大后，"钓竿"就缩短了，端部发光的诱饵就缩回到嘴里，于是这嘴就成了一个活动的陷阱。

发光也是海洋生物求偶的信号。某些鱼虾的发光器的大小和数量是雌雄有别的。这可能暗示，发光对海洋生物互相认识性别具有重要意义。所以当你看到海洋里星光闪烁，这也许是海洋生物正在"互送秋波"、"说悄悄话"，甚或正在举行婚礼呢！海洋生物的发光行为也许还对保证同类结成群体和在同一区域内活动起作用，但这一点尚未得到充分的事实证明。

◎ 自备 600V 电压的电鳗

另外，有些水生动物能直接产生电能，目前已知有 500 种能发电的鱼。如电鳐，它的发电器由许多特殊的管柱状细胞构成的极板组成，可发出70～80伏，甚至100伏的强电场，足可把一些小鱼击死。有一种生长在南美的电鳗，身长2米，它能发出300伏的电压，个别的可达到650伏安的高压，可把牛或马这样的大动物击毙于水中！

据说，古希腊人有一种为癫痫病人治病的特殊方式：当癫痫病患者发狂抽搐的时候，人们便把他强按在一种叫电鳗的鱼身上，很快，癫痫病人就安静下来，那时，古希腊人并不知道电鳗为何有这等奇效。

近代科学揭示它就是生物电疗法。现在我们知道，几乎所有的生物身上都有生物电。但大多数比较弱，像电鳗那样产生高电压的动物是极少见的。

基本小知识

电鳗的基本结构

电鳗体呈圆柱形，无鳞，灰褐色。长者可达2.75米，重22千克。背鳍、尾鳍退化，尾下缘有一长形臀鳍。依靠臀鳍的波动而游动。尾部有一发电器，来源于肌肉组织，并受脊神经支配。

◎ 萤火虫的电效率

萤火虫是人们最熟悉的陆生发光生物，种类很多。我国最常见的一种萤火虫，身体呈黄色，翅膀尖端呈黑色，这是雄虫，能够飞行。雌的萤火虫体形似幼虫，不生翅膀，不会飞行，终生住在水边杂草丛中，但也能发光。墨西哥有一种巨大的萤火虫，腹部有两个大发光器官，放射绿光；另有一个发光器官放射橙黄色光。两色相映，极为美丽。妇人把它簪在发间，作为夜间舞会时的装饰。

在炎热的夏夜，一片黑暗的草丛中显现跳动的闪光，这意味着萤火虫交尾期的来临。为了避免可能的误

萤火虫

会，每种萤火虫各有自己特有的求偶信号——闪光。雄的萤火虫在离地12米高处飞舞时，发出短暂的闪光；过一些时间后，附近草地上的雌萤火虫便发出回答闪光。雄虫得到信号后，便飞向雌虫，同时继续发放信号，直到雌雄相会。如果你想试验一下，那么当你用手电筒灯光给发光的雄萤火虫发回答信号时，它可能错认为这是"雌虫"，便会前来赴约。

我国晋代有个读书人因家贫没钱买灯油，便把萤火虫盛在纱袋里，代替烛光，勤奋学习，留下"囊萤"的佳话。古书《古今秘苑》中也曾经记载过萤光捕鱼的生动情景："取羊膀胱吹胀，入萤百余枚，系于罾足网底，群鱼不铭大小，各奔其光，聚而不动，捕之必多。"这是世界上最早的"灯光捕鱼"。20世纪40年代，人们受萤火虫的启示，又发明了日光灯。

在1900年的巴黎世界博览会上，光学馆有一间与众不同的醒目陈列室，室内格外明净，它的"灯光"不耗费电力，而是来自玻璃瓶中的发光细菌。用发光细菌制成的细菌灯，发出来的是只发光而不发热的"冷光"，所以用处很大，可以在火药库或灯光管制的地方作为指示灯；用发光研究植物的光合作用，可测定叶绿体释放的氧气量；用发光细菌可检测超微量氧气的存在和

环境污染。

近年来，人们进一步研究了萤火虫发光的原理，不仅从它的发光器官中分离出萤光素和萤光酶，还和ATP等制成生物光源，生物光不含红外线（热线），只有光没有热，是一种理想的照明用冷光，不像电灯只能将电能的很少一部分转变为可见光，其余大部分都以红外线形式变成热能浪费掉了，而且这种热线还对人的眼睛有害。

生物发的电能效率之高是惊人的，如萤火虫可以直接把化学能变成光能，效率几乎是100%。我们用的普通电灯，电能的利用效率只有6%，荧灯光的效率也不过25%。

此外，生物光源在矿井中可当闪光灯，在水底可做水下发光灯，在医疗上可用于检测尿道感染和手术室安全照明，在军事作战的前方可做看文件、查地图的灯源，而不易被敌人发现。看来，大规模地应用冷光的日子已为期不远了。

随着科学技术的发展，人们对生物发光的认识与应用将会更加深入。目前，生物电池作为电源，已试用于信号灯、航标和无线电设备，其中许多虽然经过长期使用，却仍像刚开始那样有效，用细菌、海水、有机物做动力的模型船也已在海里游弋。

拓展阅读

萤火虫的发光器

萤火虫的发光器是由发光细胞、反射层细胞、神经与表皮等所组成。如果将发光器的构造比喻成汽车的车灯，发光细胞就有如车灯的灯泡，而反射层细胞就有如车灯的灯罩，会将发光细胞所发出的光集中反射出去。所以虽然只是小小的光芒，在黑暗中却让人觉得相当明亮。

造型妙术

对大多数动物来说,造型是它们的一种天生之才。这种才能也许不像发电那样尖端,但是,它包容的深度可能更费人思索。

◎海豚的高速造型

60多年来,飞机的速度提高了10倍,火箭以每秒10多千米的速度将人造卫星送入太空,汽车和火车的速度提高了45倍,但舰船的航行速度却提高得很慢。从欧洲到美洲,哥伦布首次航行用了一个半月,19世纪的轮船也需航行9昼夜,自20世纪初期起,时间才缩短为4~5昼夜,而以后直到现在就再也没有多大变化。

趣味点击 —— 一边游泳一边睡觉

海豚在游泳时,有时会闭上一只眼睛。研究发现,这时海豚某一边的脑部呈现睡眠状态。也就是说,海豚虽然持续游泳,但左右两边的脑部却在轮流休息。

至于潜艇,下潜深度可达300米,可以在水下连续航行两个月,水下航行已经达到了每小时60多千米,如果举行一场水下游泳比赛,海洋动物海豚能轻而易举地把这种核潜艇远远抛在后面。海豚游泳的速度一般为每小时50~70千米,有时甚至达到每小时100千米,比核潜艇快得多。体长近20米的抹香鲸,虽然游得慢多了,每小时不过10~20千米,但仔细一算,不禁使人大吃一惊:这种上百吨重的动物,要达到这样的游泳速度,从船舶的角度去衡量,本来需要450马力(1马力=0.735千瓦),而实际上它大约只有60马力。这是多么奇异的"航行效率"!

秘密在哪呢?原来,海豚不仅有一个理想的流线型体型,还有特殊的皮肤结构。海豚的皮肤分两层，外层薄而富有弹性，其弹性类似最好的汽车轮胎用橡胶。这一层下面是乳头层或刺状层，在乳头层下面有稠密胶状纤维和弹性纤维联系，其间充满脂肪（脂肪层）。

海豚的头颈部、鳍的前缘等部位在运动中感受的水压较大，因而它们的表皮和真皮乳头很发达。皮肤的这种结构，使有机体保温，又能提高表皮与真皮的连接力，它又像一个很好的消振器，使液流的振动减弱，防止湍流的发展和液流的破坏。

此外，海豚还有一种减小摩擦力的方法——当海豚的运动速度很大，涡流已不能靠皮肤的消振和疏水性来消除时，皮下肌肉便开始作波浪式运动，沿海豚身体奔跑的波浪运动消除了高速产生的旋涡，使得它能飞快地游动。当然，海豚的游泳速度取决于它的整体及其他部分的流线型体型。在海豚身上，一切干扰运动的东西——毛覆盖层、耳壳和后肢都消失了。而位于额部的弹性脂肪垫，显然是很完美的消振器，它消除了前面的湍流。因此，海豚在游动时，其身体周围的水流极小，大大减小了它所遇到的水阻力。而一艘潜水艇在水里航行时，则会造成巨大的湍流，由此产生的水阻力非常大，以至克服这种阻力竟需耗费螺旋桨推动力的90%。

◎蜜蜂的紧凑造型术

蜜蜂建筑造型的本领是很出色的，它们能在昼夜之间用蜂蜡建起成千上万间住宅。蜜蜂的住宅都是一色平放着的六棱柱形房间，每个房间体积都是0.25立方厘米，显得十分经济、整齐、美观。房间的正面是平整的六角形进出口，背面是锐角的菱锥，6面墙壁同时又是相邻的6个房间的墙壁。由这种标准房间组成的一幢幢蜜蜂住宅大楼，一般都是

蜂　窝

由两大片蜂房背对背地靠在一起组成。这样，两片蜂房就可以共用一个底。可想而知，这种形式的蜂房，可以用最少的建筑材料，造出最大容积的房间。

◎ 鸡蛋的高强度造型

把一只鸡蛋握在手中，不管怎么用力，都捏不破它。谁都知道蛋壳既薄且脆，轻轻一碰就破了。这是什么原因呢？

工程师们仔细地研究了蛋壳的力学原理，原来是形状帮了它的忙。力学上有一条原理：决定一个物体的紧固性，除了构成物体的物质本身的强度以外，还有一个重要因素，那就是它的"几何形状"。对承受外来压力的物体，凸曲面形状最好，因为它能把外来的压力沿着曲面均匀地分散开来。

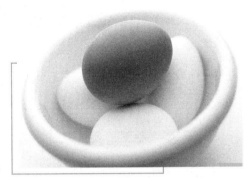

鸡　蛋

◎ 王莲的超负荷造型

王　莲

在拉丁美洲的亚马孙河上，生长着一种世界闻名的观赏植物——王莲。王莲者，乃莲花之王，为多年生草本，根茎直立。其叶浮于水面，呈圆形，边缘处向上转折，直径达 2 米。一个五六岁的孩子坐在莲叶上，犹如乘坐一叶扁舟，在水面漂来荡去。薄薄的莲叶，怎么能经得住一个孩子的重量呢？

为了揭开其中的奥秘，大约在 100

多年前，法国的一位园艺兼建筑师约瑟夫·莫尼哀曾对这一现象进行了研究。他发现王莲叶子的背面有许多又粗又大的叶脉，叶脉之间连有许多镰刀形的横筋，构成一副坚韧的网状骨架，可承受很大的负荷。

能工巧匠

◎营造爱巢

谈到造型，免不了要谈建筑，我们看到，动物中有层出不穷的建筑好手。生活在热带密林中的犀鸟成双结对，别看它们长着一个尖利而长大的巨嘴，头上拥簇着钢盔样的顶冠，貌似凶恶，实则性情温驯，有一手构筑的好技术。它们扇动着双翼，发出"卡格——卡格——"的叫声，从一棵大树飞到另一棵大树，从一片树林飞到另一片树林，不辞辛劳地选择养育后代的理想处所——高大树干。

建筑基地确定之后，它们在距地20米左右的树干凹陷处，开始艰苦地营造住房。先是你一嘴我一脚地清除

犀　鸟

凹表的腐木，接着是夜以继日地挖掘，直到深挖成足以容身的洞穴，而后，雌雄犀鸟分工，雌的留在洞内打扫整修，将废物碎屑堆在洞口，而雄鸟在外面用大嘴衔来湿土和果实残渣等建筑材料，精细地堆砌起来。这样内外配合，用不了几天，一个外表光滑、内壁舒适柔软的卧室建成了。雌犀鸟安卧在里

面，它的四周都是严实的洞壁，只在上部中央留了一个不大的洞口，以供雌犀鸟孵卵时接食之用。

不久，雌犀鸟在精致的产房里生下两三个雪白的蛋，其大小类似鸡蛋，随即它便蹲在房内安静地孵化。雌鸟在产卵到孵化的这一时期内，全靠雄鸟四出觅食，精心喂养，更为奇特的是为了预防可能发生的饥不择食，雄鸟甚至将自己的胃壁最内层膜脱落吐出，用来贮藏果实，饲喂雌鸟。就这样，雄犀鸟对妻儿的关怀体贴，一直要到雏鸟羽毛丰满、与母鸟破蛋而出。

◎精湛的缝织工艺

生活在亚热带森林中的缝叶莺，它们建筑的工艺更为高超。这种鸟只有麻雀般大小，每年春天，雌鸟和雄鸟双双结为鸾俦。但在行婚之前，它们首先要为共同的生活构筑一个安乐窝。所取的材料也不同于同类们常用的枯枝、草茎、碎木屑和泥丸，而是别出心裁地用几片树叶。因为缝叶莺有一套精巧的缝纫本领，只要有适宜的香蕉、野牡丹、野葡萄的叶子，它就能根据叶片的大小，选择大的一片，小的数片，按照一定的形状将它们精细而牢固地缝合起来，吊挂在树枝上。人们不禁要问，缝叶莺没有手，何以缝纫呢？又哪来的针线呢？原来，缝叶莺姑娘受到即将来到的婚配的激励，飞遍青山，寻找收集蜘蛛丝、细草纤维等有韧性的物质作为细线，用它那特别细长而灵巧的嘴代替针，在两叶边缘一二厘米处打孔，然后把细线穿上。缝叶莺就这样不厌其烦地来回缝制着，一边缝好，再缝另一边。

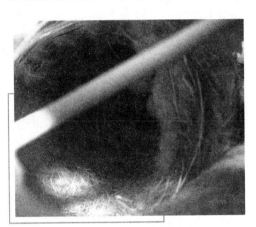

缝叶莺的巢穴

更为令人惊异的是，它们在缝制过程中，还会在线头处打上个疙瘩，以免脱落，整个工序就像人的缝制工序一样，做得是那样细致精巧。为了使新房能更结实牢靠，它们还在叶柄与树干的交接处用粗丝纤维绑住，以至遇到劲风也吹不掉。最后一道工序是布置新房，成对的缝叶莺欢天喜地地在密林中飞跃着，共同寻找一些柔软的纤维、绒毛、野棉花做垫褥，铺在圆形新屋的底部，然后开始了它们的"蜜月"生活。

织布鸟的筑巢工艺可与缝叶莺相媲美。织布鸟的窝是全靠它们用嘴和脚认真编织而成的，用的材料是草片、草茎和树木的纤维。由于天然的原料太粗大，得设法拉成细丝，才能编织。于是织布鸟选好理想的草片，测量好部位，先用嘴啄一个缺口，然后从草片的顶端向下用力撕拉，刚好到了缺口处断下，估计得是这样准确，如同计算过一样，这就成了织造用的一根纤维。

编一个巢需要多少条这样的细丝？简直难以计数。然而织布鸟终日地按照编织的规格拉出粗细不等的大量纤维，织造程序开始，它们先用粗纤维紧紧地系于树枝上，编织成实心的单茎，作为巢的基底。然后，由茎向下慢慢编出一个空心圆球形的结构，这是巢的主体——巢室，再往下编一条进巢的走廊。巧妙的是，

你知道吗

雄鸟筑巢，雌鸟监工

织布鸟的婚房是由雄鸟单独完成的，而且在编织婚房的过程中雄鸟要不断倒吊展翅，向雌鸟炫耀。而雌性鸟则在一旁充当"监工"的角色。如果雌鸟对婚房不满意，雄鸟就会自动拆除辛勤织起来的吊巢，并在原处重新设计和编织一个更精巧的吊巢。

走廊总偏向圆形主体的一侧，使巢室留有较为宽阔的面积。巢筑好后，里面还要用兽毛、羽毛等柔软物品作为垫褥。

织布鸟对巢的设计，确实是费尽了心机，不论从实用观点还是力学原理来看，都是无可非议的。它的巢壁细致紧密而富有弹性，特别是它的巢口和过道都是向下的，遇到大雨，巢室内也不会积水，更使人感兴趣的是，织布鸟在它那轻飘飘的茅屋里放入几块硬泥团和小石头，这样重心稳定，即使大

风来临，它们仍能安然高卧！

◎ 严密的地下宫殿

兽类中手艺高超的建筑师要首推啮齿动物。我国北方有一种鼢鼠叫作东北鼢鼠，生活在草原及农田中，体重只有半斤，体长有半尺多，肥胖，毛棕灰色，眼小，尾短，样子有点像豚鼠。这小动物真是"地下宫殿"的建筑专家，它生活在地下洞窟，有纵横交错的主道通出地面，各支道的末端或旁侧有宽敞的洞穴，分别作为卧室、仓库、厕所和休息室等。地道很长，叫达50～60米，洞口有好几个，出入任意，而且隐蔽，一般外面是察觉不到的，因为常有一些泥土覆盖着。

知识小链接

啮齿动物

啮齿动物是哺乳动物中种类最多的一个类群，也是分布范围最广的哺乳动物，全世界有2000多种。除了少数种类外，一般体型均较小，数量多，繁殖快，适应力强，能生活在多种环境中。

在这复杂的建筑群中，卧室自然是最讲究的部分。它既宽敞又光滑，体积约有 50×20×15 立方厘米大小。室内还垫着细茸草、根和树叶等，显得十分舒适，酷热的夏天，鼢鼠居住在离地面较近的洞穴里，通风，也比较阴凉。然而每当严冬到来时，它们就搬进距地面更远的深宫，

鼢 鼠

那里温度恒定,可以御寒,即使洞外零下数十度,连黑熊都已进入冬眠,地下的鼢鼠仍然活动自如。在它们的仓库里,储藏着大量食物,按品种分门别类、井井有条地堆放着,如龙须菜、豆类、落花生、马铃薯、胡萝卜和茅草等。如果一旦发现食物已经发霉,它们就决定抛弃不食。但长长的地下坑道,要将它们搬出洞外实非易事,何况沿途还会弄脏地道。于是它们采用巧妙而经济的办法,用泥土将这个仓库全部堵塞,再去新建一个仓库。厕所的设计也是颇费心机的,位置既不距卧室太近,以免臭气影响睡眠,也不离太远而带来排泄的不便,而且与仓库保持一定的距离。

可能有人会担心,下雨时怎么办?鼢鼠作了全面安排,一方面,它们将洞窟筑在较高而干燥的地方,洞口覆盖着泥土,雨水不易进去;另一方面,各穴室不是设置在同一水平上,即使有水流入洞内,也仅影响地下室的小部分,无损大局。鼢鼠的建筑技术真是高超。

◎ 神奇的罗网

蜘蛛奇丑无比,但它有一个独特的本领——结网,不同的种类,根据不同的需要,在不同的场所,能结出各种形式的网。蜘蛛腹部有一种能生产丝线的腺体,经由吐丝器分泌出来后,形成坚韧而有弹性的细丝,结成罗网。网上纵横交错的蛛丝,并不完全一样,可以区分为两种:一种是主人用来到处活动的干线,不具黏性;另一种是涂有黏性物质的黏线,用以黏捕飞虫。

网结成后,蜂蛛坐守网的中心,利用其灵敏的触觉随时监视网面的情况,一旦有飞虫投网,它就能凭借网线的震动,确定猎获物的大小和位置。有一种奇怪的蜘蛛是在水底生活的。它把网编织在水生植物之间,用以捕捉小型的水生动物和昆虫。这种水生蛛也离不开空气;必要时,就升到水面,在腹部和后腿间做成一个气泡,带回水下住所。往返十几次,就可以在水下形成一个直径约2厘米的钟形气囊,供它进行呼吸。

◎ 荒原上的大厦

在澳大利亚旅行的人，常在原野上看见一座座奇特的土丘。它们高矮不等，最大的宽3米、高5米，俨然是个庞然大物，构成了该地区的特有景色。这些巨大的塔形建筑是谁的杰作呢？原来是白蚁兴建的躲风栖居的窝巢。非常有趣的是，土丘的方向都是准确的坐北朝南，以其两个窄边来接受热带烈日的曝晒，旅行者看到它们就能正确辨别方向。因此人们又把这种白蚁称作罗盘白蚁。

有人曾细致解剖这种建筑，不由得为其中精巧合理的安排设计感到惊异。它里面不仅有住房、交通网，还有培养食物用的真菌苗圃、用来调节气温的完备的通风系统，以及深达40米的竖井，以满足白蚁对于潮湿空气的需求。

高5米的建筑和深40米的竖井，对于人类来说似乎是个不足为奇的数字，但只要简单计算一下，就会明白这些数字的意义。一只白蚁充其量不过5毫米，那么，高5米的窝巢相当于它体长的1000倍，深40米的竖井则为其体长的8000倍。如果以这样的比例要求人，那么人就应该建造出高1700米的摩天大楼，打出13 600米的深井，但人类的成就至今距这些数字仍有很大差距。

拓展阅读

白蚁的真菌苗圃

白蚁巢中的真菌苗圃，是由白蚁的排泄物，经细致加工并经接种培养出白球菌而成的多孔块状物，是白蚁赖以生存而不可缺少的，缺少了它，巢中的蚁群便会死亡。

◎ 鸟巢种种

鸟类不愧是天才的建筑师，它们的巢有杯形的、球形的、碟形的、袋形的等等。大的如一些鸟巢，直径达数米，可以并排睡10只鸟，气势磅礴；小的如一些莺类、鹪鹩的巢，只有几厘米，工艺精细，巧夺天工。然而这些贫乏的词汇和数字,远不足以体现鸟巢的风采。

有几种广布于欧、亚、非和美洲的山雀,是筑巢的能工巧匠,它们把精美的袋状巢编织在细树枝上,通常为近水的柳树嫩枝的末梢,让巢在水上自由摆动,使得那些食肉动物垂涎三尺而无从下手,由于巢的质地十分紧密,欧洲的孩子有时拿它当拖鞋穿,东非人拿它当手提包。

有些鸟类的窝巢,竟成了人类的滋补品。产于南亚的一些雨燕巢,就是妇孺皆知的燕窝。这种鸟先搭一个半圆形轮廓,然后逐步往上添加唾液,直到做成了一个肘托形的窝巢为止。燕子和它们未来的小宝贝,就躺在这个没有铺垫的摇篮里。这种用唾液制成的窝巢,就成了酒宴上的佳肴。而最奇特的莫过于园丁鸟,它们的雄性用各种彩色的羽毛、浆果、鲜花乃至人类扔弃的玻璃和塑料,来装饰窝巢,把巢收拾得像新房一样美丽,以博取异性的喜爱。这种鸟已成为世界上最珍贵的一种鸟。

◎非人工的大坝

河狸是啮齿动物中的"巨人",栖居于近水的森林地带,它修建水利工程为自己服务的历史,恐怕远远超过了人类。河狸的巢穴从水下斜着向河岸挖掘而成。其巢室虽在水上,洞口却在水下,为了保障安全,必须保持一定水位,把洞口隐蔽起来。这样,它就成了筑坝修堤、蓄水为池的能手。它干起来像经验丰富的工人。在筑巢的地点,它把树枝用力插进河床,用粗树枝压住,并搁上石块,树枝间的缝用细枝、芦苇混以软泥堵

河　狸

实,使之完全不漏水。为了抵挡流水的压力,在坝的下方用叉棍将坝撑住。坝定在巨石或活树上。坝修成后,就出现了一湾平静的湖水,可供河狸游泳、觅食,并便于筑巢之用。

为了达到上述目的,河狸有时把坝修得很大。美国蒙大拿州发现的河狸坝最大,长达700多米,上面不仅可以走人,还可以骑马。这些坝不是一朝一夕建成的,它们花费了河狸家族连续几个世纪的辛勤劳动。

河狸们各自拖着枝杈甚至很粗的树干返回到小湖中来,几天以后湖面上又多出了一个直径2米左右、高出水面2米的树枝堆,这就是那群河狸终夜辛勤"工作"的结果,它们不停地伐倒、咬断、搬运、堆集着树枝干,而后再用泥和杂草把枝条间的缝隙堵住,最后从水下向上咬开一条通道,再在水面以上的枝条堆中开出几个不同大小的洞穴作为它们的食堂、过道和卧室,这幢河狸的大厦就大功告成了,河狸"夫妇"可以安心地在新居中生儿育女了。

秋末,随着严冬即将来临,小湖的水位开始下降,河狸住宅的大门快要露出水面以外,河狸们将有遭受敌人乘虚而入的危险。于是全体居住区的河狸们又开始忙碌起来,为了使保卫它们安全生存的水不致进一步减少,它们不停地搬来树枝、树干和杂草以加高长长的堤埂和堵塞那些水下的漏洞。当水位再度升起,又淹没了河狸住宅的大门口时,雪花飞舞,寒冬已经来临,厚厚的冰雪覆盖住河狸的住宅和大门,河狸们可以安然地度过漫长的冬天,只有在取食时才由冰下大门外出。

不可思议的发光

◎ 穷究海怪发光的原因

蒲松龄的《聊斋志异》记述了一个清代远涉重洋的商人的奇遇:漆黑的夜晚,帆船在南海乘风破浪前进。三更时分,忽然舱里射进一道亮光。他起来一看,原来是一个巨大的怪物在海里发光,半身露出水面,犹如一座小山,眼睛好似两个初升的太阳,光芒四射……

其实,这不是什么怪物发光,而是种"海火"。每当温暖季节,夜幕降临以后,夜航的人们常常可以看到海水上层闪耀着光芒。发光水层可深达50厘米到几米,渔民们把这种现象叫作"海火"。海火主要是由浮游生物发光所引起的。

知识小链接

《聊斋志异》

《聊斋志异》是一本描写鬼怪精灵奇异故事的书籍。"聊斋"是蒲松龄的书屋名称,"志"是记述的意思,"异"指奇异的故事。全书题材广泛,内容丰富。多数作品通过谈狐说鬼的方式,对当时社会的腐败、黑暗进行了有力批判,在一定程度上揭露了社会矛盾,表达了人民的愿望。

海里的发光生物种类繁多。细菌、甲藻、夜光虫、放射虫、火体虫、磷虾、乌贼、章鱼和某些鱼类等等,都能够发光。当它们在水面密集出现时,犹如万点星光,蔚为奇观!据报道,在美国加利福尼亚湾北部,海水中夜光虫的数量极多,白天可把整个海水染成粉红色或砖红色,所以古代的人们就把这一海区叫作"朱砂海"。令人惊奇的是,夜光虫在夜晚能发出辉煌的光亮,把白天番茄汤状的海水换上闪光的艳丽服装。据科学家研究,夜光虫的发光体分布在表层细胞质内,如果受到机械(如风浪冲击)、化学、电等的刺激,就会发出淡蓝色火花状的闪光,显得异常美丽。上海自然博物馆的一位动物学研究人员,曾在1960年春到舟山群岛搜集鱼类标本,夜间目击"海火"闪闪,他的双手在水中浸了一下也沾满了发光的浮游生物,不明真相的船工见了大吃一惊:"怎么手也会发光了?"

人们对细菌并不陌生,它不仅数量大,而且分布广。发光细菌在发光生物中占据极为重要的位置。目前已知能发光的细菌有16种，它们与其他发光生物不同，不需要任何刺激，发出来的光是连续的弥漫光。

有趣的是，有些生活在河水中的发光细菌却需在含海盐约0.05%的环境中才开始发光，有些则能够在完全不含海盐的水中微弱地发光。各类发光细菌对盐度、温度和酸碱度都有一定要求。当盐度增加到普通海水的1倍以上时，海洋发光细菌就会死亡或停止发光。许多种细菌发光的最适温度为20℃~25℃，pH值为5.9~8.3。这些发光细菌通常与鱼类、乌贼及大章鱼等共生，附着在它们的体表或所谓发光器上。由此可见蒲松龄笔下的"海怪"无疑是附生着发光细菌的巨大海洋生物。

基本小知识

pH值

pH值又称氢离子浓度指数，是指溶液中氢离子的总数和总物质的量的比。通俗来讲，pH值就是表示溶液酸性或碱性程度的数值。氢离子浓度指数一般为0~14，当它为7时溶液呈中性，小于7时呈酸性，值越小，酸性越强；大于7时呈碱性，值越大，碱性越强。

◎闪光鱼为什么能闪光

1964年，一位海洋生物学家戴维·弗里物曼在红海首次发现一种十分奇特的闪光鱼——光脸鲷。这种鱼生活在红海和印度洋的不到10米的深处，或者在较深的珊瑚礁上面，发出的光十分明亮，在水下距离鱼18米处就能发现它。一条鱼所发的光能够使离它2米远的人在黑夜看出手表上的时间，所以潜水员常常把它们捉住后放在透明的塑料袋中，作为水中照明之用。海洋生物学家认为，到目前为止光脸鲷的发光亮度在所有发光动物（包括陆生动物和海洋动物）中是最亮的，因此有"壮观的夜鱼"之称。

尤其令人感兴趣的是，光脸鲷的眼睛下缘不仅有一个很大的新月形发光器官，还具有一层暗色的皮膜，附着在它的发光器官的下面，皮膜忽而上翻，遮住了发光器官，忽而又下拉，好似电灯开关一样，一亮一熄，闪耀着蓝绿色的光。这种奇妙的闪光现象，在鱼类中是十分罕见的。

白天，光脸鲷隐匿在洞穴或珊瑚礁中，仅在没有月光的夜晚才冒险出来，常常一起活动，多时可达 200 条。它们不呈线状排列，而呈球形列队。当它们拉下皮膜时，群鱼的发光器官好似无数的明亮星星，组成了一个巨大的火球，以此来引诱小型甲壳动物和蠕虫作为自己的食料，同时也不可避免招来了一些大型的凶猛鱼类。当它将要受到威胁或袭击的时候，立即巧妙地拉上了皮膜，四周顿时漆黑一团，它就乘机溜之大吉，光脸鲷的正常闪光是每分钟 23 次，受到惊扰时，次数显著增加，每分钟可以达到 75 次，以此来模糊敌人的视线，这是它逃避敌害的又一种方式。

像许多其他鱼类一样，光脸鲷的发光也依赖其他发光细菌作为它的光源。据测定，这种鱼的一个发光器官中大约有 100 亿个发光细菌。这些细菌侵入到鱼的发光器官，为自己安排了一个良好的生存环境。寄主为它们提供了充足的养料，它们也帮助寄主引诱食物和逃避敌害。由发光细菌共生而引起的发光现象，甚至在动物体死后的几小时，还能继续出现。

一位海洋生物学家曾做了一个有趣的实验：他把捕捉到的光脸鲷放养在室内的水族箱里，同时做了一个能闪光的光脸鲷的精细模型。当把模型放入水族箱的时候，光脸鲷就纷纷向模型游来，并拉下皮膜，闪现出蓝绿色的光。这说明了光脸鲷的闪光是彼此联络的信号，也是它们群居生活的一个特征。

◎深海缘何灯光灿烂

深海里的生物大多有发达的发光器官，据动物学家估计：40% 以上的深海鱼类都具有发光器官，能发光的乌贼有 28 种，占已知乌贼种数的 20%；能发光的枪乌贼更多，有 100 多种，占枪乌贼种数的 60%；能发光的章鱼，到目前为止只知道 3 种。无数的发光生物星罗棋布，在深深的海洋里闪耀着光辉,犹如夜幕中倒映在大海深处的节日焰火。

鱼类的发光器官多排列在身体的两侧,在黑暗中看去,鱼体每侧有一条淡蓝色的光线,在快速游动时很像一架波音型客机在海底世界飞行。有的鲨鱼有一对绿色的"眼睛",它们的发光器官位于眼睛的周围,当它向你游来时,犹如在夜间遇上了打开头灯的汽车。

一些深海的鱼,双眼在黑暗的生活环境里已退化得看不见,但是头顶上长着一根发达的钓鱼竿状的背鳍,末端垂挂着一个小灯笼似的发光器官。这盏小灯发出柠檬黄色的光芒,使贪婪的深海动物误认为是可食的小鱼,当它猛扑上去的时候,却落入了这位"姜太公"之口。乌贼发光的"小灯",可以说是世界上最经济的小灯泡,无须充电,可亮数年之久。因为它的发光燃料——发光细菌的增长要快于消耗的速度。

生活在日本海岸和千页群岛海域的耳乌贼,个子如同大拇指一般,以小鱼为食。它在夜间发光,光环萦绕着它那小小的身体,在幽暗的大海上滑翔,犹如天上的繁星,耳乌贼的墨囊上面有一个很大的双耳状囊(耳乌贼由此得名),把墨囊全部装住,囊内充满着发光细菌的黏液。发光细菌由玻璃状物质小管与海水相通,新生的小乌贼

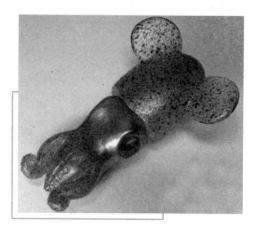

耳乌贼

显然直接从大自然中获得自己的"小灯"所需要的燃料。据科学家推测,耳乌贼发光器官上的小管不仅用于吸收发光细菌,更重要的是,一旦发生危险,可将含有发光细菌的黏液喷出体外,在自身周围立刻升起一堆焰火,使来犯者眼花缭乱,它便乘机溜之大吉。

这些生物电发出的光,由于不产生热,所以科学界称之为"冷光"。冷光是自然界效率最大的光,效率几乎是100%。

人类的仿生技术

仿生学概述

RENLEI DE
FANGSHENG JISHU

　　仿生学是生物科学和技术科学共同孕育的一门边缘学科。仿生学研究生物体的结构、功能和工作原理,并将这些原理应用于工程技术之中,发明性能优越的仪器、装置和机器,创造新技术。仿生学从诞生、发展到现在仅短短几十年,但成果非常显著,涉及的领域包括生物电子学、生物仿真材料、生物物理学、生物电机和生物大分子的自装配等,显示了旺盛的生命力。

人类的仿生技术　仿生学概述

仿生学发展简史

古时候，人们看到鸟类在空中自由翱翔，便幻想也能飞上天去。意大利文艺复兴时期的艺术大师达·芬奇就发挥他那富于想象的天才，模仿飞鸟制造了人类第一个"飞翼"。后来，在鸟类和蜻蜓的启发下，制造出了飞机。鱼类在水中往来自如，令人羡慕。在鱼类的启发下，人们造出了船舰。乌贼和章鱼在受到敌害的威胁时，为了迷惑敌人，达到逃命的目的，能向水中喷出一股墨汁，制造浓重的烟幕。受此启发，人们造出了烟幕弹。

苍蝇，是细菌的传播者，谁都讨厌它。可是苍蝇的楫翅（又叫平衡棒）是"天然导航仪"，人们模仿它制成了"振动陀螺仪"。这种仪器目前已经被应用在火箭和超音速飞机上，实现了自动驾驶。苍蝇的眼睛是一种"复眼"，由3000多只小眼组成，人们模仿它制成了"蝇眼透镜"。"蝇眼透镜"是用几百或者几千块小透镜整齐排列组合而成的，用它做镜头可以制成"蝇眼照相机"，一次就能照出千百张相同的相片。这种照相机已经被用于印刷制版和大量复制电子计算机的微小电路，大大提高了工效和质量。"蝇眼透镜"是一种新型光学元件，它的用途很多。

广角镜

文艺复兴

文艺复兴是指13世纪末在意大利各城市兴起，以后扩展到西欧各国，于16世纪在欧洲盛行的一场思想文化运动。文艺复兴带来一段科学与艺术革命时期，揭开了近代欧洲历史的序幕，被认为是中古时代和近代的分界。

20世纪60年代初期，生物科学和技术科学共同孕育的一门边缘学科诞生了，这就是仿生学。1960年，美国召开了第一届仿生学讨论会，当时，人们倾注了许多笔墨谈论这门新兴科学和它的光辉前景。随着时间的推移，今天仿生学已经从描述性阶段进入到实质性工程性阶段，它的研究范围已扩大到神经仿生、感觉仿生、分析仿生、定向仿生、生物力学仿生和生物动力仿生等方面，并取得了不少研究成果。

说仿生学只是现在才进入到工程技术的实践之中，那是因为人们在很长一段时间内，对生物与工程的共同处缺乏明确的认识。生物学家只研究生物体的结构和功能，没有想到把它们的研究成果用来帮助工程设计，而工程技术人员也不了解生物系统是各种工程技术设计思想的源泉。只是随着科学技术的发展和生产的需要，人们才开始认识到，生物学所描述的生物结构和功能有可能用于工程技术之中。而现在，这种认识变成了实践。这也就是说，今天的科学技术已发展到创造仿生系统。在这方面，仿生建筑学的漫长发展史是很有教育意义的。

仿生学在现阶段还有另一个特点，那就是：在仿造生物系统时，仿造的不只是结构，还模仿生物体的奇妙功能。

1960年，当"仿生学"这个名称被正式提出时，并不被重视，甚至受到过种种嘲讽和打击。然而，新生事物的生命力最强。这门科学终于冲破种种阻力，蓬勃发展起来了。

从仿生学的诞生、发展到现在短短几十年的时间内，它的研究成果已经非常可观。仿生学的问世开辟了独特的技术发展道路，也就是向生物界索取蓝图的道路，它大大开阔了人们的眼界，显示了极强的生命力。

人类仿生由来已久

自古以来，自然界就是人类各种技术思想、工程原理及重大发明的源泉。种类繁多的生物经过长期的进化过程，适应了环境的变化，从而得到生存和发展。劳动创造了人类。在长期的生产实践中，人类的身躯逐步直立，双手的劳动技能有了提高，逐渐产生了交流情感和思想的语言，神经系统尤其是

人类的仿生技术　　仿生学概述

大脑获得了高度发展。

因此，人类无与伦比的能力和智慧远远超过生物界的所有类群。人类通过劳动运用聪明的才智和灵巧的双手制造工具，从而在自然界里获得更大自由。人类的智慧不仅仅停留在观察和认识生物界上，而且还运用人类所独有的思维和设计能力模仿生物，通过创造性的劳动增加自己的本领。鱼儿在水中有自由来去的本领，人们就模仿鱼类的形体造船，以木桨仿鳍。相传早在大禹时期，我国古代劳动人民观察鱼在水中靠尾巴的摇摆而游动、转弯，他们就在船尾上架置木桨。通过反复的观察、模仿和实践，逐渐改成橹和舵，增加了船的动力，掌握了使船转弯的手段。这样，即使在波涛滚滚的江河中，人们也能让船只航行自如。

鸟儿展翅可在空中自由飞翔。据《韩非子》记载鲁班用竹木做鸟"成而飞之，三日不下"。然而人们更希望仿制鸟儿的双翅，使自己也飞翔在空中。

早在400多年前，意大利人列奥那多·达·芬奇和他的助手对鸟类进行仔细地解剖，研究鸟的身体结构并认真观察鸟类的飞行，设计和制造了一架扑翼机，这是世界上第一架人造飞行器。

以上这些模仿生物构造和功能的发明与尝试，可以认为是人类仿生的先驱，也是仿生学的萌芽。

拓展阅读

扑翼机

扑翼机又称振翼机，是指能像鸟和昆虫翅膀那样上下扑动的重于空气的航空器。扑动的机翼不仅产生升力，还产生向前的推动力。由于控制技术、材料和结构方面的问题一直未能得到有效解决，目前扑翼机仍停留在模型制作和设想阶段。

发人深省的对比

人类仿生的行为虽然早有雏形，但是在20世纪40年代以前，人们并没有自觉地把生物作为设计思想和创造发明的源泉。科学家对于生物学的研究也只停留在描述生物体精巧的结构和完美的功能上。而工程技术人员更多地依赖于他们卓越的智慧、辛辛苦苦的努力，进行着人工发明，他们很少有意识地向生物界学习。但是，以下几个事实可以说明，人们在技术上遇到的某些难题，生物界早在千百万年前就曾出现，而且在进化过程中就已解决了，人类却没有从生物界得到应有的启示。

在第一次世界大战时期，出于军事的需要，为使舰艇在水下隐蔽航行而制造出潜水艇。当工程技术人员在设计原始的潜艇时，先用石块或铅块装在潜艇上使它下沉，如果需要升至水面，就将携带的石块或铅块扔掉，使艇身回到水面来。以后经过改进，在潜艇上采用浮箱交替充水和排水的方法来改变潜艇的重量。以后又改成压载水舱，在水舱的上部设放气阀，下面设注水阀，当水舱灌满海水时，艇身重量增加可使它潜入水中。需要紧急下潜时，还有速潜水舱，待艇身潜入水中后，再把速潜水舱内的海水排出。如果一部分压载水舱充水，另一部分空着，潜水艇可处于半潜状态。潜艇要起浮时，将压缩空气通入水舱排出海水，艇内海水重量减轻后潜艇就可以上浮。

如此优越的机械装置，实现了潜艇的自由沉浮。但是后来发现鱼类的沉浮系统比人们的发明要简单得多，鱼的沉浮系统仅仅是充气的鱼鳔。鳔内不受肌肉的控制，而是依靠分泌氧气进入鳔内或是重新吸收鳔内一部分氧气来调节鱼鳔中的气体含量，促使鱼体自由沉浮。然而鱼类如此巧妙的沉浮系统，对于潜艇设计师的启发和帮助已经为时过迟了。

声音是人们生活中不可缺少的要素。通过语言，人们交流思想和感情，优美的音乐使人们获得艺术的享受，工程技术人员还把声学系统应用在工业

人类的仿生技术　仿生学概述

生产和军事技术中，成为颇为重要的信息之一。自从潜水艇问世以来，随之而来的就是水面的舰船如何发现潜艇的位置以防偷袭；而潜艇沉入水中后，也须准确测定敌船方位和距离以利于攻击。因此，在第一次世界大战期间，在海洋上，水面与水中敌对双方的斗争采用了各种手段。海军工程师们也利用声学系统作为一个重要的侦察手段。首先采用的是水听器，也称噪声测向仪，通过听测敌舰航行中所发出的噪声来发现敌舰。只要周围水域中有敌舰在航行，机器与螺旋桨推进器便发出噪声，通过水听器就能听到，能及时发现敌人。但那时的水听器很不完善，一般只能收到本身舰只的噪声，要侦听敌舰，必须减慢舰只航行速度甚至完全停下来才能分辨潜艇的噪音，这样很不利于战斗行动。

不久，法国科学家郎之万研究成功利用超声波反射的性质来探测水下舰艇。用一个超声波发生器，向水中发出超声波后，如果遇到目标便反射回来，由接收器收到。根据接收回波的时间间隔和方位，便可测出目标的方位和距离，这就是所谓的声呐系统。人造声呐系统的发明及在侦察敌方潜水艇方面获得的突出成果，曾使人们为之惊叹不已。岂不知远在地球上出现人类之前，蝙蝠、海豚早已对"回声定位"声呐系统应用自如了。

生物在漫长的年代里就生活在被声音包围的自然界中，它们利用声音寻食，逃避敌害和求偶繁殖。因此，声音是生物赖以生存的一种重要信息。

意大利人斯帕兰赞尼很早以前就发现蝙蝠能在完全黑暗中任意飞行，既能躲避障碍物也能捕食在飞行中的昆虫，但是堵塞蝙蝠的双耳后，它们在黑暗中就寸步难行了。面对这些事实，帕兰赞尼提出了一个使人们难以接受的结论：蝙蝠能用耳朵"看东西"。第一次世界大战结束后，

你知道吗

蝙蝠是唯一能够飞翔的兽类

蝙蝠虽然没有鸟类那样的羽毛和翅膀，但其前肢十分发达，上臂、前臂、掌骨、指骨都特别长，并由它们支撑起一层薄而多毛的，从指骨末端至肱骨、体侧、后肢及尾巴之间的柔软而坚韧的皮膜，形成蝙蝠独特的飞行器官——翼手。

有学者认为蝙蝠发出声音信号的频率超出人耳的听觉范围,并提出蝙蝠对目标的定位方法与第一次世界大战时郎之万发明的用超声波回波定位的方法相同。遗憾的是,这个的提示并未引起人们的重视,而工程师们对于蝙蝠具有"回声定位"的技术是难以相信的。直到1983年采用了电子测量器,才完完全全证实蝙蝠就是以发出超声波来定位的,但是这对于早期雷达和声呐的发明已经不能有所帮助了。

另一个事例是人们对于昆虫行为为时过晚的研究。在列奥那多·达·芬奇研究鸟类飞行造出第一个飞行器400年之后,人们经过长期反复的实践,终于在1903年发明了飞机,实现了飞上天空的梦想。由于不断改进,30年后人类的飞机在速度、高度和飞行距离上都超过了鸟类,显示了人类的智慧和才能。但是在继续研制飞行更快更高的飞机时,设计师又碰到了一个难题,就是气体动力学中的颤振现象。当飞机飞行时,机翼发生有害的振动,飞行越快,机翼的颤振越强烈,甚至使机翼折断,造成飞机坠落,许多试飞的飞行员因而丧生。飞机设计师们为此花费了巨大的精力研究消除有害的颤振现象,经过长时间的努力才找到解决这一难题的方法,就是在机翼前缘的远端上安放一个加重装置,这样就把有害的振动消除了。

可是,昆虫早在3亿年以前就飞翔在空中了,它们也毫不例外地受到颤振的危害,经过长期的进化,昆虫早已成功地获得防止颤振的方法。生物学家在研究蜻蜓翅膀时,发现在每个翅膀前缘的上方都有一块深色的角质加厚区——翼眼或称翅痣。如果把翼眼去掉,飞行就变得荡来荡去。实验证明正是翼眼的角质组织使蜻蜓飞行的翅膀消除了颤振的危害,这与设计师高超的发明何等相似。假如设计师们先向昆虫学习翼眼的功用,获得有益于解决颤振的设计思想,就可以避免长期的探索和人员的牺牲了。面对蜻蜓翅膀的翼眼,飞机设计师大有相见恨晚之感!

以上这三个事例发人深省,也使人们受到了很大启发。早在地球上出现人类之前,各种生物已在大自然中生活了亿万年,在它们为生存而斗争的长期进化中,获得了与大自然相适应的能力。生物学的研究可以说明,生物在进化过

人类的仿生技术　仿生学概述

程中形成的极其精确和完善的机制，使它们具备了适应内外环境变化的能力。生物具有许多卓有成效的本领，如体内的生物合成、能量转换、信息的接受和传递、对外界的识别、导航、定向计算和综合等，显示出许多机器所不可比拟的优越之处。生物的小巧、灵敏、快速、高效、可靠和抗干扰性实在令人惊叹不已。

连接生物与技术的桥梁

自从瓦特在1782年发明蒸汽机以后，人们在生产斗争中获得了强大的动力。在工业技术方面基本上解决了能量的转换、控制和利用等问题，从而引发了第一次工业革命，各式各样的机器如雨后春笋般地出现，工业技术的发展使人们从繁重的体力劳动中解脱出来。随着技术的发展，人们在蒸汽机以后又经历了电气时代并向自动化时代迈进。

20世纪40年代电子计算机的问世，更是给人类科学技术的宝库增添了可贵的财富，它以可靠和高效的本领处理着人们手头数以万计的信息，使人们从汪洋大海般的数字、信息中解放出来，使用计算机和自动装置可以使人们在繁杂的生产工序面前变得轻松省力，它们准确地调整、控制着生产程序，使产品规格精确。

但是，自动控制装置是按人们制定的固定程序进行工作的，这就使它的控制能力具有很大的局限性。自动装置对外界缺乏分析和进行灵活反应的能力，如果发生意外，自动装置就要停止工作，甚至发生意外事故，这就是自动装置本身所具有的严重缺点。要克服这种缺点，无非是使

拓展阅读

自动控制

自动控制是指在没有人直接参与的情况下，利用外加的设备或装置，使机器、设备或生产过程的某个工作状态或参数自动地按照预定的规律运行。

机器各部件之间，机器与环境之间能够"通讯"，也就是使自动控制装置具有适应内外环境变化的能力。要解决这一难题，在工程技术中就要解决如何接受、转换、利用和控制信息的问题。因此，信息的利用和控制就成为工业技术发展的一个主要矛盾。如何解决这个矛盾呢？生物界给人类提供了有益的启示。

人类要从生物系统中获得启示，首先需要研究生物和技术装置是否存在着共同的特性。1940年出现的调节理论，将生物与机器在一般意义上进行对比。到1944年，一些科学家已经明确了机器和生物体内的通讯、自动控制与统计力学等一系列的问题都是一致的。在这样的认识基础上，1947年，一个新的学科——控制论产生了。

控制论是从希腊文而来，原意是"掌舵人"。控制论的创始人之一维纳给予控制论的定义是"关于在动物和机器中控制和通讯"的科学。虽然这个定义过于简单，仅仅是维纳关于控制论经典著作的副题，但它直截了当地把人们对生物和机器的认识联系在了一起。

控制论的基本观点认为，动物（尤其是人）与机器（包括各种通讯、控制、计算的自动化装置）之间有一定的共体，也就是在它们具备的控制系统内有某些共同的规律。控制论研究表明，各种控制系统的控制过程都包含有信息的传递、变换与加工过程。控制系统工作的正常，取决于信息运行过程的正常。所谓控制系统是指由被控制的对象及各种控制元件、部件、线路有机地结合成有一定控制功能的整体。从信息的观点来看，控制系统就是一部信息通道的网络或体系。机器与生物体内的控制系统有许多共同之处，于是人们对生物自动系统产生了极大的兴趣，并且采用物理学的、数学的甚至是技术的模型对生物系统开展进一步的研究。因此，控制理论成为联系生物学与工程技术的理论基础，成为沟通生物系统与技术系统的桥梁。

生物体和机器之间确实有很明显的相似之处，这些相似之处可以表现在对生物体研究的不同水平上。由简单的单细胞到复杂的器官系统（如神经系统）都存在着各种调节和自动控制的生理过程。我们可以把生物体看成一种具有特殊能力的机器，和其他机器的不同就在于生物体还有适应外界环境和自我繁殖的能力；也可以把生物体比作一个自动化的工厂，它的各项功能都遵循着力学的定律，它的各种结构协调地进行工作，它们能对一定的信号和刺激作出定量的反应，而且能像自动控制一样，借助于专门的反馈联系组织以自我控制的方式进行自我调节。

例如我们身体内恒定的体温、正常的血压、正常的血糖浓度等都是肌体内复杂的自控制系统进行调节的结果。控制论的产生和发展，为生物系统与技术系统的连接架起了桥梁，使许多工程人员自觉地向生物系统去寻求新的设计思想和原理。于是出现了这样一个趋势，工程师为了和生物学家在共同合作的工程技术领域中获得成果，就主动学习生物科学知识。

人类的仿生技术

力学仿生

RENLEI DE FANGSHENG JISHU

　　力学仿生是研究生物体的力学结构及其原理，寻求将其用于技术设计的方法，以创造新型机械设备和建筑结构，或改进飞机、舰船和车辆等。如：模仿企鹅在雪地上快速滑行的特殊运动方式，制成一种轮式"极地越野汽车"，在雪地上行驶时速达到50千米；模仿袋鼠跳跃运动方式制成一种采取跳跃方式前进、适宜在凹凸不平的田野或沙漠地带使用的无轮"跳跃机"。

人类的仿生技术 力学仿生 RENLEI DE FANGSHENG JISHU

由飞鸟到飞机

许多事实告诉我们，在已经有了现代飞机的今天，人类仍然有必要继续向飞行动物学习，以求进一步完善特殊飞行本领，不断提高飞机的性能，更快地发展航空技术。

例如，对一种长有 4 只翅膀的沙漠蝗虫所进行的风洞试验表明，它的翅膀所做的优美而复杂的"8"字形运动，能够产生惊人的推进效率。这种昆虫可以连续不断地变换翅膀角度及前后翅的相对位置，以便和速度、气压相协调。这是一种比目前最好的人造自动驾驶仪还要精巧得多的自动控制系统。

拓展阅读

昆虫风洞试验

昆虫风洞试验是在一个有流通空气的矩形空间中，观察活体虫子对气味物质的行为反应的实验。一般来说，昆虫的风洞实验是非常接近于田间情况的，利用风洞实验可以模拟昆虫的田间飞翔能力；可以测量昆虫的飞行周期和飞行的持久性；利用风洞实验还可以研究性信息素浓度对昆虫飞行行为的影响。

再如，苍蝇、蚊子、蜜蜂等昆虫，还会做现有的任何飞机都做不到的种种灵活机动的飞行动作；直向上升、垂直下降、陡然起飞、掉头飞行和定悬空中，蜻蜓翅膀是柔软而单薄的，全长约 5 厘米，重仅 0.005 克；但它却有足够的强度和刚度，每秒钟可以扑动 2040 次，每小时飞行 50 千米。这些都是现代飞机尚不具备的性能和结构特点。鸟类和昆虫的飞行，还有其他许多优异特性也是现代飞机无法比拟的，因而工程师在设计新型飞机时尚大有文章可做。

鸟类的 V 形编队

鸟类为什么总是编队高飞远迁呢？说起来，这非常符合空气动力学的原理。如果有25只鸟编成"V"形队列做长途迁徙，比起它们各自为政地飞行，要少消耗30%的体力。

当鸟朝下扇动双翅时，会使翼产生升力。编队中任何一只鸟都可利用这种"相邻升力"，进行滑翔，以节省体内能量，当然鸟类之所以这样做，并非懂得什么科学理论，而是根据它们的飞行直觉本能地调整各自所处位置的结果。

当鸟群排成水平线飞行时，也能产生"相邻升力"。但这种编队方式，处于当中的鸟获得的升力要大于处于边上的鸟。在"V"

鸟的"V"形飞行

形编队中，分布在各处的鸟获得的升力几乎是均等的，因为领头鸟面临的阻力虽然要稍大些，但这可由来自两侧的升力得以补偿；而尾鸟获得的升力，虽然仅仅来自一侧，但由于汇聚了前面群鸟产生的升力，所以这升力是相当强的。

"V"形编队的另一个优点是，两边可以不必对称，即一侧鸟数可以多于另一侧的鸟数。只要每一侧的鸟数不少于6只，并且保持严格的间距，每只鸟就都能获得足够大的升力。

那么，飞机能不能像集群鸟一样编队飞行呢？不能。因为鸟类有肉翅，能靠不断地调整双翅形状，以求保持大编队中的间距，并充分利用"相邻升力"，而飞机的金属翅膀却无法灵活多变，因此，如果编队的飞机太多，一旦靠得过近，就极易相撞而粉身碎骨。

昆虫飞行的启示

昆虫最初是没有翅膀的，从泥盆纪中找到的有关化石可以证明这一点。后来，在石炭纪中，才开始出现能飞的昆虫。那时的飞虫，体形比较笨重，像蜻蜓那么大，身上长着两对翅膀，但飞行时双翅拍动很慢，也许还能像蜻蜓那样，张开翅膀在空中滑翔。鸟类的双翼，以及蝙蝠的双翼是前肢进化而成的。鸟类或蝙蝠的翅翼是从背部生长出来的外皮组织，翅翼中有甲壳质的翅脉，其中可以找到气管、血管和神经。可是昆虫的双翅，却不是由其身上的某种爬行器官进化而来的，它们一开始就是一种崭新的器官。

昆虫的双翅，比鸟类先进得多。他们的构造比鸟翼简单，它们的关节活动能力比鸟翼强得多。昆虫不仅在飞行时双翅摆动的幅度大，振动的次数多，而且在栖息时，双翅能够收拢起来，吊在身体后部、侧部或背部。如胡蜂，双翅摆动的幅度，就能达 150 度。

◎ 长跑冠军

昆虫之所以能在动物界中占有优越地位，主要是靠它们的翅膀。像蜜蜂那样采集花粉的昆虫，如果没有灵巧的翅膀，就不可能每天在花丛之中往返忙碌。

昆虫大部分定居在固定的地方。但是也有大约 200 种昆虫，像走兽和候鸟一样，有每年迁徙的习惯，如蝗虫与蝴蝶即是如此。某些昆虫在迁徙时，成群结队，其数量可达几百万只，甚至 10 亿之多。据目击者声称，那些成群迁飞的昆虫，遮天蔽日，连续不断地飞过天空，持续时间短则几小时，长则几天，有时甚至长达几星期之久！最令人惊奇的是这些昆虫持久飞行的能力。它们竟能飞过山岭，横越海洋和整个大陆！

昆虫迁徙时一般同种类在一起飞行，可是往往也有不同类的昆虫，混杂在一起，同时飞行。有时在迁移的队伍中，不同类昆虫，竟达 40 种之多。昆虫中的"长跑"冠军，首推斑蝶。斑蝶生活在美洲大陆。每年秋季，美洲大陆北部的斑蝶，要做长途旅行迁居到南方。它们首先飞过辽阔的大西洋，越过亚速尔群岛，然后飞往非洲的撒哈拉大沙漠，或者意大利和希腊等地。另一部分则从北美朝西南方向做长途飞行。它们飞经浩瀚的太平洋，前往数千公里外的日本，甚至澳大利亚等地。我们不禁要问，小小的昆虫，怎么能够从事如此遥远的长途旅行呢？它们怎么会有这样大的持久飞行的能量呢？

拓展阅读

黑脉金斑蝶与马利筋

马利筋是一种多年生直立草本毒性植物，黑脉金斑蝶的幼虫却以马利筋为食，通过食用马利筋来保护自己，而马利筋为了保护自己免遭食用，也在不断地加大自身的毒性，反过来又促使黑脉金斑蝶不断提高自身抗毒能力，从而保护自己不受毒性影响。

实际上，它们飞行时并没有费气力，因为它们在空中旅行时，并没有摆动翅膀，它们只是张着双翅，让空中的气流，把身体托起来，并且巧妙地利用气流变化，进行长途滑翔，虽然人类也能利用滑翔机在空中航行，可是滑翔的距离很短，而昆虫在空中滑翔的本领，却比人类高明得多。

昆虫在飞行时振动翅膀的速度，也远非鸟类所能比拟。科学家在观察昆虫的飞行以后，发现不同种类的昆虫，振动翅膀的频率各不相同，而且相差极大。例如：双翅类、膜翅类和鞘翅类的昆虫，翅膀振动的频率极高，研究人员利用连续快速摄影机和高速电影拍摄机等仪器，把它们飞行时的动作拍摄下来，分析后发现了许多意想不到的情况。

蝗虫每秒能振动翅膀18次，比鸟类拍动双翼的速度快得多，可是它与其他昆虫相比，还差得很远。雄蜂每秒能振翅110次，非洲的采采蝇每秒振翅120次，普通的苍蝇每秒180次，蜜蜂每秒236次。雄蚊每秒能振翅100次，金龟子（金匠花金龟）每秒能振翅587次，而一种小蚊蚋，其振动翅膀的速度竟达700～1000次/秒，真是不可思议的超高速度！

◎ 昆虫飞行的秘密

昆虫在进行演变的过程中，形成如此神奇的飞行能力，要归功于其控制翅膀的特殊结构。像蝗虫或蜻蜓之类的昆虫，是利用翅膀根部肌肉的伸缩而使翅膀振动，频率较低。另外像苍蝇、蚊子或蜜蜂，则利用其胸腔本身肌肉的弹性，来振动翅膀，振动的频率要高得多。上述胸腔的弹性肌肉，能自动地快速伸缩，因为昆虫体内一种化学物质，能直接转化成为肌肉的机械能，使翅膀以极高频率振动。

苍蝇和蚊子之类的昆虫，本来都有两对翅膀，但在进化过程中，它们只剩下前面一对翅膀作飞行之用，后面那一对翅膀则已经退化，变成了两根棒状物，它们在昆虫的飞行中，起着极其重要的作用。原来这对小棒能维持平衡。如果把昆虫的这一对器官切去，那么昆虫就再也无法飞行，往往还会迅速死亡。

鲸类潜水的启示

鲸类是兽类中的潜水冠军。抹香鲸可潜到1000多米的海洋深处，最长可在水下滞留2个多小时。海洋中，水深每增加10米，就增大1个大气压，所以1000多米的海洋处，压力高达100～200个大气压。

目前人类就是穿上带有水下呼吸设备的最先进的潜水服，下潜极限也只有上百米，时间限制在数十分钟，再深了，人体就受不了那过高的压力。但鲸类体内却有一系列与深潜相适应的结构与功能。鲸的气管由肌肉膜隔成一个个腔室，并有软骨锁住的阀门系统，可使胸腹腔、肺气管及其他内脏的内部压力与海水压力维持平衡。

另外，鲸的血红素含量特别高，抹香鲸的肌肉因此而红得发黑。血红素含量高能结合更多的氧，保持体内供氧充分。鲸在深水中还能大大减慢心跳，降低血液流速，节约氧消耗。

鲸鱼

它的大脑呼吸中枢能忍受高浓度一氧化碳的积累，从而减少呼吸两次，而一般陆上动物却无法做到这一点。鲸类的潜水能力给人类提供了启示，指明了提高潜水能力的目标和方向。

例如寻找一种药物，增加人类肌肉中血红蛋白的含量以储藏更多的氧，再寻找一种降低呼吸中枢对一氧化碳积累敏感性的方法，以减少呼吸次数。同时为了承受深海高压可模拟一套阀门装置，防止肺中空气被压出，或者穿上保护外衣，这样人类的深潜能力就能大大增强，人类就有可能深入实地去探明海下的秘密。

昆虫翅膀引出的螺旋桨

大多数昆虫都做螺旋桨式飞行。在昆虫振翅飞行期间，翅膀的冲击角（翅膀平面和空气流所成的角度）在不断地改变。在理想的情况下，如果昆虫固定不动，则其翅膀末端在挥动时描画出 8 字形曲线或双纽线；当昆虫自由飞行时，此曲线展开为正弦曲线。昆虫当中最完善的飞行者——蚊、蝇、黄蜂、蜜蜂等的飞行便是这样。昆虫翅膀的这种运动，能产生很有效的飞行推

进力。它们的神经系统控制着翅膀的倾斜角度,以与飞行速度和空气压匹配。这个自动机构比现在的人造自动驾驶仪还巧妙。它们中有的会做各种"机动飞行";向上飞升,垂直下降,定悬于空中,或陡然飞向一侧,回头向后飞行,都非常灵活。

昆虫的翅膀

根据对昆虫飞行动力学的研究,有人研制成昆虫飞机——按昆虫飞行原理飞行的机器。第一架昆虫飞机是一只塑料做的蜻蜓翅膀模型,装上 2.25 千瓦的发动机,现已成功地飞上天空,这类昆虫飞机完全可以充当"小航空"的飞行器。用无线电操纵的昆虫飞机可以用来运载不大的负荷。可用于航空摄影,山区运输,把气象仪器带入高空,也可用于体育或其他目的。这种飞行器能以极小的速度飞行。

因此,它比一般飞机甚至比直升飞机安全得多,完全排除了飞机由于速度降低而出现的事故。在其他技术领域内,也应用了昆虫的飞行原理。例如,给风车安上能像昆虫翅膀那样挥动的桨叶,可以使它具备明显的优点:在低风速情况下仍能正常工作,只有在无风时才停止工作。

海豚创造的流线型

在交通运输方面,水运因其成本低、载重量大和安全被摆在了首位,但由于水的密度比空气大 800 倍,船速的提高成了科学界的一大难题。目前,飞机已超过了音速,火车和汽车速度也有了大幅度的提高,而船舶的速度却难以提高,原因就在于此。因此,提高舰船的航速,就有着特别的现实意义。

近来,有人提出了一些发动机设计方案,它们在一定程度上模仿了鱼体运动。例如模仿鲸类(包括海豚)有很好的流线型体型来提高舰船航行速度。人们照鲸类体型改进了轮船的设计,使船的水下部分不再是刀状,而取鲸类形状,使阻力大大减小,同时,又按海豚的轮廓和比例制造了潜水艇,使航速提高20%~25%。海豚能轻而易举地超过快艇,速度之快,简直像个鱼雷了。毫无疑问,解开海豚的航速之谜,必定会给快速舰船的设计提供新的原理。

原来,海豚和鲸都有一个极好的流线型体型。海豚还有特殊的皮肤结构。海豚的皮肤分两层,外层很薄并且富有弹性,里层长着密密麻麻的凸起的弹性纤维网,网的空间处充满脂肪。当高速运动的时候,海豚的皮下肌肉做波浪式运动。所有这一切都大大减少了水的阻力,使海豚动力利用率高达80%,而潜艇为克服海水的阻力竟需消耗发动机90%的推进力。

拓展思考

海豚和黑猩猩谁更聪明

海豚是一类智力发达、非常聪明的动物,它的大脑体积、质量是动物界中数一数二的。目前,科学家对动物的智力有两种不同的见解:一种认为黑猩猩是动物中、最聪明的;另一种却认为海豚的智力和学习能力与猿差不多,甚至还要高一些,是最聪明的动物。

人们模仿海豚皮肤的结构,用橡胶和硅树脂制成了一种"人造海豚皮"。把它包在鱼雷表面,鱼雷所受到水的阻力减少二分之一,速度约增加1倍。传统的船舶设计,其水下部分形状像刀,有人把它设计成鲸体形状,船体所受的阻力就减少了20%。

人类的仿生技术　　力学仿生　　RENLEI DE FANGSHENG JISHU

细胞组织的静体力学

植物表皮的气孔是调节温度的特殊装置。如果进入植物的水分多于蒸发掉的，则细胞壁受到的压力增大，关闭气孔的细胞拉伸呈马蹄形，气孔口便大开，以蒸掉更多的水分。若气候干旱，蒸发掉的水分多于进入植物的水分，气孔则关闭。在建筑物墙中可以创造类似的气孔——通风孔，它的开关将根据室内空气的洁净度、温度和湿度进行自动调节。

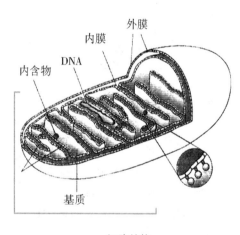

细胞结构

细胞内的液体和气体都对细胞壁有一定的压力，它们分别叫作液体静力压和气体静力压，统称为细胞的胀压。如果把植物的嫩茎或叶子折下来，它们过一会儿就会开始变软和枯萎，这和细胞内胀压的降低有关。因而，苹果、葡萄、西红柿以及花瓣、鱼鳔等都可看作一种气液静力压系统。现在，气液静力压系统在建筑中已得到广泛应用，这种充气或充液结构，可用来建造厂房、仓库、体育馆、剧场、餐厅、旅行帐篷和水下建筑等，这种建筑物的优点是轻便、施工快、好搬运，作为暂时性的建筑尤为适用。

这种建筑材料有橡胶布、合成织物和金属薄片等。气液结构还有一个引人注意的地方，即可用来创造自动调节系统，调节小范围内的气候。例如，在门窗的采光部分装上这种系统，天气热时里面的气体膨胀，通风口大开，能很好地通风；天气冷时，通风口自动关闭，以保存室内的热量，利用同样原理建造的帐篷可以自动调节太阳辐射：太阳光强时，充气壳自动加厚；阳光弱时则自动变薄。

䲟鱼与吸锚

在我国南海和非洲沿海,生活着一种奇怪的鱼。它身体较长,一般为80厘米,头部宽而扁,"后脑壳"上长着一个椭圆形的吸盘,盘边有齿状褶皱,就像一枚图章,因此人们管它叫䲟鱼。䲟鱼常利用头上的特殊吸盘,把自己吸附在鲨鱼、鲸、海豚、海龟身上,甚至轮船船底,然后毫不费力地到处旅游。尤其对鲨鱼,䲟鱼更经常"乘坐",因为,附在鲨鱼身上,可以狐假虎威,免遭大鱼的袭击,还可以分享鲨鱼狼吞虎咽之后的残羹。当然,对鲨鱼来说,䲟鱼吸附在它身上没有什么好处,也没有什么坏处,因此,也就懒得理它,听其自然了。

䲟鱼吸附在附着物上很牢固,以至渔民们可以用䲟鱼"钓鱼"。15世纪,哥伦布发现新大陆时,在古巴就看到当地人用这样的方法捕鱼:将䲟鱼的尾巴系上一根长绳子,然后饲养在小海湾围成的鱼塘里;当海面上出现鲨鱼或金枪鱼时,就将䲟鱼放入海中;䲟鱼吸附在鲨鱼或金枪鱼身上时,将绳子拖回,就逮住了鱼。这种捕鱼方法,现在在我国南海、加勒比海等处仍为渔民所采用。

拓展阅读

䲟鱼"吊"大海龟

桑给巴尔岛和古巴渔民抓到䲟鱼后,先把它的尾部穿透,再用绳子穿过,再缠上几圈系紧,拴在船后,一旦遇到海龟,他们就往海里抛出2~3条䲟鱼,不一会儿,这几条䲟鱼就吸附在大海龟的身上,这时渔民再小心地拉紧绳子,一只大海龟连同䲟鱼便回到了船舱里。

䲟鱼的吸盘为什么会牢牢地吸附在附着物上呢?

原来,䲟鱼的吸盘中间有一纵条,将吸盘分隔成两块,每块都有规则地

吸附在其他鱼身上的䲟鱼

排列着 22 对或 24 对软质骨板，这些软质骨板可以自由竖起或倒下，周围是一圈富有弹性的皮膜。当贴在附着物上时，软质骨板就立即竖直，挤出吸盘中的海水，使整个吸盘形成许多真空小室。这样，借助外部大气和水的巨大压力，䲟鱼就牢牢地吸附在附着物上。

科学家从䲟鱼吸盘的原理中得到启发，发明了"吸锚"。这种"吸锚"对船只停泊、打捞沉船等都很有用。

乌贼与喷水船

乌贼的游泳方式很有特色，它素有"海中火箭"之称。它在逃跑或追捕食物时，最快速度可达每秒 15 米，连奥林匹克运动会上的百米短跑冠军也望尘莫及。它靠什么动力获得如此惊人的速度呢？经过长期的观察和研究，人们终于发现了其中的奥秘。在乌贼的尾部长着一个环形孔，海水经过环形孔进入外套膜，并有软骨把孔封住。乌贼运动时，触手紧紧叠在一起，变成很好的流线型。乌贼有两种运动方式：①缓慢运动时，使用大的菱鳍，它以波动的形式周期性弯曲。②快速冲刺时，则利用喷水式运动。水经过尾部的环形孔进入外套膜，然后软骨将孔封闭，收缩腹肌，便把水从喷嘴射出去。

人们根据乌贼这种巧妙的喷水推进方式，设计制造了一种喷水船。用水泵把水从船头吸进，然后高速从船尾喷出，推动船体飞速向前。另外，采用喷水推进装置具有速度快、结构简单、安全可靠等优点。

以往的船舶螺旋桨是在水里转动而产生推动力的，它只能在深水中运用，而喷水推进船在 1 米深的水中便能畅通无阻。就速度而言，采用喷水推进的喷水船可达 30 米/秒。这种原理用于气垫船，可使其航速达 40 米/秒。喷水推进器在水中的噪音很小，敌方水下探测系统不易侦听，同时对自身携带的声呐的干扰也小，所以采用喷水推进的潜艇和鱼雷，对于搜索和接近敌方都极为有利。

啄木鸟啄木与脑震荡

清晨，如果你在树林间散步，可能会听到一阵阵清脆的"呜噜噜"的声音，这是啄木鸟在啄木时发出的声音。啄木鸟是一个通称，它有 200 多种，在我国分布有 27 种。常见的种类有斑啄木鸟，它的背羽呈黑色，杂有白色圆点，上腹和两侧呈白色，下腹部呈朱红色，雄鸟颈部有一块红斑。还有绿啄木鸟分布也较广。啄木鸟啄木是为了寻找隐藏在树干内的昆虫。在它们的食谱中所列的昆虫大多数都是对林业有害的。因此，啄木鸟是妇幼皆知的益鸟，并且被人们称为"森林医生"。

啄木鸟善于攀爬树木，它们的脚趾很特别，第二和第三趾朝前，而第一和第四趾向后，像一把双爪钳一样，再加上锐利的趾爪就能牢牢地抓住树皮，在几乎笔直的树干上进退自如，尾羽坚挺而富有弹性，啄木时用利爪抓住树皮，强硬的尾羽撑在树干上起着支架作用，这样身体就能牢靠地固着在树干上。啄木鸟的嘴坚硬有力，嘴形直，像木匠用的凿子，适于啄木。人们除了对啄木鸟的啄木灭虫感兴趣外，对它的啄木行为也有极大的兴趣。一些有经验的侦破人员常用手指或其他工具不断地敲打墙壁，然后听回声，凭他们的经验，就可以判断出墙壁里面是否有夹层，从而果断地凿开墙壁将内藏物搜出。啄木鸟似乎也有这套本领，它们在觅食时，飞到树上，用凿形的嘴不停地敲打树木，从这一棵树敲打到另一棵树，一旦觉察到异常的回声后，便将嘴作为钻、锤、凿等不断地迅速啄木，直到啄开树木，然后用它那富有黏性的舌深入凿开的缝隙内，搜捕昆虫。啄木鸟的头并不太大，那么平时它的长舌又安置在哪里呢?剥去啄木鸟头部的皮肤,就容易了解这个问题。

原来啄木鸟的舌并不太长,但是,它的舌根骨有一条带有弹性的肌腱状的组织,平时这条肌腱状物由颚下向上伸展,绕过枕骨,经头顶骨进入右鼻孔,呼吸主要由左鼻孔承担,当啄木鸟要粘捕昆虫时,这条舌根骨就从后脑及下颚向外滑出,这样就可将舌伸至洞内很深的地方,啄木鸟的舌端是角质的,并且带有倒钩,可以将洞内的虫钩出来。尽管啄木鸟的嘴是如此的坚直壮实,但是,要凿开坚硬的树木没有速度是不行的。人们发现啄木鸟啄木时嘴的啄木速度可以高达 1300 千米/小时。但是,啄木鸟每啄一下所花费的时间还不到 1/1000 秒,这样高的啄木速度和频率,经过折算,就意味着啄木鸟在啄木时它的头脑经受的重力加速度高达 1000g,重力加速度是指在地面附近物体由于重力作用而获得的加速度,用 g 表示,任何物体的重力加速度在同一地点都相同,约为 9.8 米/秒,这简直是令人难以想象的。因为在载人火箭发射时,坐在舱座内的宇航员所受到的重力加速度还不到 4g。你可以做一个简单的试验,快速地不断点头,没有几下你就会感到头晕眼花,忍受不了。

那么,是什么原因使啄木鸟的脑能承受这样大的重力速度呢?啄木鸟脑的基本结构同其他鸟相比,并没有太大的差异。啄木鸟啄木时,在这么大的重力加速度的作用下,要做到脑袋不会被震裂和撕落,除非啄木鸟的头和嘴不产生丝毫歪斜,不受到丝毫扭曲力。经过研究和各种试验证明,啄木鸟的颈部肌肉特别发达,啄木鸟啄木时,是利用头和颈部强壮的肌肉非常协调地运动,以精确的配合动作,致使在整个啄木过程中,啄木鸟的头和嘴的运动轨迹几乎成一条几何直线,这样啄木鸟的头脑就能避免扭曲力的影响。你见过一些运载蛋类和酒瓶之类易碎物品的箱盒吗?人们在盒子里安排了一个个大小同运载物体相同的格框,将酒瓶或蛋类前后左右和底部框住,使酒瓶和蛋类不能向前后左右晃动,只能垂直上下地动,这样运载的物品就不容易破碎了。

如果啄木鸟头和嘴即使以非常小的角度歪斜,那么它的脑部也将被震坏。人们根据啄木鸟避免扭曲力的原理,研制出一种安全帽,帽内有缚带限制住头部,这样即使在受到震动或撞击时也能避免产生危险性歪斜和发生脑震荡。

人类的仿生技术

化学仿生

RENLEI DE
FANGSHENG JISHU

　　生物体内的成千上万种化学反应都是在酶催化下进行的。酶催化反应的特点之一就是高效性，高效性表现在具备的强大催化能力。自然界中许多生物体内的化学反应人类可以借鉴利用，化学仿生学由此建立，其任务之一就是通过从生物体内分离出某种酶，研究清楚其化学结构和作用及催化剂的催化机理，在此基础上设法人工合成这种酶或其类似物，用以实现相应的酶催化反应而制得相应的产品。

动物"化学通信"的启示

地球上的动物,如果在其个体之间不能交流寻找食物、逃避敌害和选择配偶等重要信息,就不能生存。因此,每种动物都有一套通信联系的独特办法。动物通信使用的"语言"是多种多样的。有些动物使用的是一种"气味语言"。它们发出的有味化学物质,可以用来标明地点、鉴别同类与敌人、引诱异性、寻找配偶、发出警报或者集合群体。我们称这种利用化学物质传递信息的方式为"化学通信"。但是,负责这项工作的,却不都是鼻子。比如,昆虫用头上的触角来分辨气味,而海洋哺乳动物鲸却是靠舌头来感知气味的。

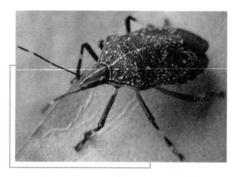

臭 虫

前苏联科学家用臭虫做实验。臭虫稍一受压,即散发出臭烘烘的"芳香"质,剂量不大,但足以使周围的"同胞"不再爬向它所在的地方。如果压得重一点,发出的"芳香"质浓度便增大,表示:"我要死啦!"这时附近的臭虫"弟兄们"就屏息静伏,庆幸自己没有落难。

昆虫用来吸引异性的"性引诱素"是最有效的传信素,这是保证昆虫延续后代的重要手段之一。借助于性引诱素,雄舞毒蛾能被 0.5 千米外的雌蛾所吸引;雄蚕蛾则可找到 2.5 千米以外的雌蛾。而天蚕蛾、枯叶蛾的雄蛾,则能被 4 千米以外的雌蛾引诱去进行交配。性引诱素是一种极其微量的化学物质。一只雌舞毒蛾仅能分泌 0.1 微克性引诱素,但这已足够诱来 100 万只雄蛾。30 个性引诱素分子便能促使一只雄美洲蟑螂产生性兴奋。一只关在笼子里的雌松树锯蝇,其气味能招引约 1 亿只雄锯蝇。

由此可见，雄虫的性引诱素接收器是极其灵敏的。雄虫的接收器就是触角上的嗅觉感受器。就作用距离、精确性和反应敏捷等方面来说，昆虫触角要比目前的机载雷达的性能好。可以设想，昆虫触角的结构特征和功能原理将为新型的航空雷达提供设计原理。

经过多年的研究，人们终于搞清了家蚕蛾、舞毒蛾、棉铃虫等昆虫性引诱素的结构，并人工合成了多种"人造性引诱素"。这就给人类提供了一种新型的捕杀害虫的有效方法。只要把一种昆虫的人造性引诱素置于涂有虫胶的捕捉器中，这种昆虫的雄虫便会兴冲冲地飞来自投罗网。还可采用一种"扰乱法"来消灭害虫，就是使性引诱素充满有害虫危害地域的空气中，雄虫便无法辨别单个雌虫放出的性引诱素了。雄虫找不到雌虫交配，害虫也就断子绝孙了。用这些办法防治害虫，可以避免长期使用化学杀虫剂（农药）所引起的许多不良后果，因此，它同绝育素、拒食素等人工合成的昆虫激素一道，被人们称为先进的"第三代农药"。

鳄鱼式海水净化设想

海员们都知道，海水是不能喝的，因为越喝越渴。为了在海洋上远航，船舰上必须载有大量淡水，这样就使船只的有效负荷下降。当然，也可以装上海水淡化器，但目前这种设备结构复杂、费用昂贵，而且效率低，不能从根本上解决问题。

另外，航海中如遇海难，海上遇难者既不可能随身携带淡

广角镜

流泪的海龟

海龟在生蛋时，爬到陆地上来，眼睛里流着"眼泪"。仿生学家这样解释：海龟在眼窝后面，有一种排盐的腺体，叫盐腺。这种盐腺把进入到海龟体内多余的盐分，通过眼睛的边缘点点滴滴地流出，看上去好像海龟在流泪。因为海龟有着盐腺这样的"设备"，所以，它吃海里的海藻和海鱼，喝海里的海水。

水,也不可能背上海水淡化器,这样就使海上遇难者的喝水遇到极大困难。如果我们能像海龟以及信天翁那样,以简便的方法使海水淡化,那将给航海事业带来巨大的变革。

动物"淡化器"与海水淡化

地球上的水并不少,海洋面积就占地球总面积的71%,陆地面积仅占29%,而且其中还包括了许多江、河、湖、泊、溪、涧等。地球上的水97.2%是海水,海水中溶解有复杂的化学成分,每升海水所含的各种离子、分子和化合物的总量(矿化度)在3克以上的是咸水。航海者都知道海水是不能喝的。海水非但苦涩,难以下咽,而且越喝越渴,所以远航必须带足淡水,途中补充给养时,第一件事就是补足淡水。由于海水含有大量的盐类,就连用来灌溉农作物也不行,因此,生物体能直接利用的是矿化度每升小于1克的淡水。其主要分布在江、河、湖、泊、地下水、高山积雪和冰川等,仅占全球总量的2.8%。随着现代工业、农业的飞快发展和人民生活用水量的日益增加,如果不注意节约用水,再肆意破坏水的资源,那么地球上淡水的危机就会到来。为了避免这种灾难的发生,人们一方面要节流,另一方面要开源。首先想到的当然是海水淡化,设法将海水脱除盐分变为淡水。世界上许多国家都建立了海水淡化工厂。通常用的传统方法是蒸馏法,使海水急速蒸发,蒸发产生的水蒸气冷凝后得到淡水。目前采用的一些新方法是从一些动物中得到启示而研制成功的。

信天翁

有一种海鸟叫信天翁,分布于太平洋,冬季也可见于我国东北及沿海各地。成熟的信天翁全身纯白,仅翼端及尾端呈黑色,翅膀很长,伸展开来,两翅可达3.6米。它们能一连数月,甚至成年在海上生活,累了在水面上歇息,饿了捕食海中的鱼,喝的当然是海水,因为它们只有在繁殖的时候才返回荒岛和陆地。信天翁能喝海水当然会引起人们的注意,人们急于了解它们是怎样解决海水中的盐分问题的。经过研究,发现信天翁的鼻部构造与其他鸟类不同,它的鼻孔像管道,所以称为管鼻类。在鼻管附近有去盐腺,这是一种奇妙的海水淡化器,去盐腺内有许多细管与血管交织在一起,能把喝下去的海水中过多的盐分隔离,并通过鼻管把盐溶液排出。以后人们相继发现许多海洋动物都有把海水淡化的本领,如海燕、海鸥、海龟和海水鱼等。

海水鱼终生生活在海水里,喝的当然是海水,而且全身都浸没在海水中,它们又是如何解决海水中的盐分问题的呢?人们当然也不会放过对这一问题的研究。水生动物的体表通常是可渗透的,鱼体内的渗透压和水环境的渗透压差别很大,鱼类与体外水环境的水分动态平衡是通过渗透压调节和体液中盐分含量的渗透作用调节来维持的。

海水盐量高,海水硬骨鱼血液和体液的浓度比海水要低,因此体内水分就会不断地从鳃和身体其他表面渗出,为的是保持体内水分代谢的动态平衡。一方面海水鱼必须大量吞饮海水,这样体内盐分就会增加。那么,又如何解决这个矛盾呢?海水硬骨鱼的鳃部有一种特殊的能分泌盐类的细胞,把过多的

知识小链接

硬骨鱼

硬骨鱼是水域中高度发展的脊椎动物,广泛分布于海洋、河流、湖泊各处。其类型之复杂、种类之繁多可为脊椎动物之冠。硬骨鱼的主要特点在于骨骼的高度骨化,头骨、脊柱、附肢骨等内骨骼骨化,鳞片也骨化了。

盐分排出体外；另一方面，海水硬骨鱼肾脏中的肾小球的数量很少，肾小管重新吸收水的能力强，从而使排尿量降到最低限度。

　　就现有的研究材料来看，这些海洋动物虽然各有自己的海水淡化器官，把喝进去的海水盐分排出体外，但是这些"淡化器"基本上都是用细胞的半渗透膜来脱盐淡化海水的，如口腔膜、内腔膜、表皮膜和鳃微血管膜等都是细胞膜，通常称为生物膜。它们喝进海水后，首先在口腔内通过吸气对腔内不断加压，压力差使一部分水渗过黏膜进入体内，而大部分盐则被阻隔在口腔内，随水流经鳃裂或排泄道排出体外。人们根据这个道理，研制出反渗透膜海水脱盐淡化装置，对海水施加大于渗透压的压力，使海水中的水分通过渗透膜，而盐分则被隔在外面，从而得到淡水。

　　其次，海水中的盐分总有一些进入机体，通过泌盐细胞的特殊功能，以自身微弱的生物电形成电磁场，把海水中的盐类，如氯化钠的两种电离子分离，在电场的作用下，渗出膜外，而将水分留在机体内。人们根据这个道理，研制出电渗析膜海水淡化器，在直流电场作用下，使海水中的盐类分解成正、负离子，分别通过阳、阴渗透膜向正极和负极运动。然后收集留在两组渗透膜中间的淡水。

乌贼与烟幕弹

　　乌贼有施放"烟幕弹"的杀手锏。原来，在乌贼体内长有一个墨囊，里面贮满了浓黑的墨汁。每当它突遇强敌，无法逃脱之时，就立刻喷出一股浓墨，把周围的海水染成一片漆黑。在对方惊慌失措的一刹那，它便趁机溜之大吉。

　　乌贼的这一招启迪了人们的思想，在现代海战中，交战双方为了掩护己方舰船的进攻或撤退，就经常施放烟幕弹。

萤火虫与照明光源

晋朝车胤年轻时家境贫困，经常没有钱买灯油，但他又是个勤奋好读书的人，为了夜间也能看书，在夏天他捕捉了数十只萤火虫，放入一个囊内，借萤火虫发出的荧光读书，通宵达旦。于是，车胤囊萤夜读也就被后人用作勤奋读书的典故。

萤火虫会发光，很多人都知道。在夏季的夜晚，走到庭院或田野去，当你看到一闪一闪的流萤飞舞在灌木丛的上空，就像一盏盏小灯笼，可能会脱口喊出"萤火虫"三个字来。萤火虫发光是为了照明吗？不是，它发光是作为一种招引异性的信号。停在叶片上的雌萤火虫见到飞过的雄萤火虫发出的荧光后，立即放出断续的闪光，雄萤火虫见了就会朝它飞去。

在自然界除了萤火虫外，会发光的生物很多。海洋中会发光的细菌已知有 70 余种。热带和温带海面上出现的"海火"奇观，就是无数发光细菌聚集在一起放出的光所致。当然夜光虫更是"海火"的生成者。在某些深海水域，95%的深海鱼类都会发光，一种斧头鱼，身体只有 5 厘米长，浑身透明，具有一系列的发光器，它在光线难以透进的深海中发光扩散而照亮了一定的范围，使得斧头鱼能在黑暗中辨别同类、群聚或寻找目标。其实人本身也能发光，当然放出的光绝不会像神话小说中所描述的那样头上有光环，而是放出肉眼所不能见到的超微光。

爱迪生发明了电灯，取代了用火照明。电灯无烟、光亮而且安全。但是，当你靠近开亮的电灯泡，就会感觉到热，愈是接近愈觉得热，这说明电只有使灯泡的钨丝烧热才能发光，而且大部分能量都以红外线形式转变成热散发了。

此外，这种热线对人眼是无益的，而生物光是目前已知唯一不产生热的光源，因此也叫"冷光源"，其发光效率可达 100%，全部能量都用在发光上，没有把能量消耗在热或其他无用的辐射上，这是其他光源办不到的。

人们研究生物光,虽然对生物发光的机制还了解得不多,但就现有的研究和了解,已取得一定的进展。通过对萤火虫的研究,已知萤火虫有1500多种,各自发出不同的光,作为自己特有的求偶信号,不同种之间不会产生误会。萤火虫的发光部位在腹部,那里的表皮透明,好像一扇玻璃小窗,有一个虹膜状的结构可控制光量,小窗下面是含有数千个发光细胞的发光层,其后是一层反光细胞,再后是一层色素层,可防止光线进入体内。发光细胞是一种腺细胞,能分泌一种液体,内含两种含磷的化合物。一种是耐高热,易被氧化的物质,叫荧光素;另一种是不耐高热的结晶蛋白,叫荧光酶,在发光过程中起着催化作用。在荧光酶的参与下,荧光素与氧化合就发出荧光,氧是从营养发光层的血管进入发光细胞的。由于血管随着它周围的肌肉收缩而收缩,当血液中断供应时,氧就不能到达发光细胞,荧光也随之熄灭。生物发光需要氧,是英国学者波义耳在试验基础上发现的。

波义耳将装有发光细菌的瓶中的空气抽出,细菌立即停止发光。将空气重新注入,细菌又马上发光。后来才知道是空气中含氧所致。发光反应所需的能量来自一种存在于一切生物体内的高能化合物,叫三磷酸腺苷,简称ATP。美国约翰·霍普金斯大学的研究人员将萤火虫的发光细胞层取下,制成粉末,将它弄湿就会发出淡黄色的荧光,当荧光熄灭时,若加入ATP溶液,荧光又会立即重现,说明粉末中的荧光素可被ATP激活。因此,荧火虫每次发光,萤光素与ATP相互作用而不断重新激活。

生物发光和光合作用都是"电子传递"现象。有人认为生物发光好像是光合作用的逆反应。光合作用是绿色植物吸取环境中的二氧化碳和水分,在叶绿体中,利用太阳光能合成碳水化合物,同时放出氧气。光能从水分子上释放电子,并把电子加到二氧化碳上,产生碳水化合物,这是一个还原过程。光合作用把光能转变成化学能,而生物发光是电子从荧光素分子上脱下来和氧化合,形成水,产生光。生物发光是将化学能转变成光能。

人们研究生物光是为了利用它,这种冷光源效能高、效率大、不发热、不产生其他辐射、不会燃烧、不产生磁场等特点,对于手术室、实验室、易燃物品库房、矿井以及水下作业等都是一种安全可靠的理想照明光源。人们还可以设法模仿发光生物把一种形式的能量转换成另一种形式的能量,制造冷光板,使其不需要复杂的电路和电力,就能白天吸收太阳光,到晚上再将光能放出来。

人们先是从发光生物中分离出纯荧光素,后来又分离出荧光酶。现在已能人工合成荧光素,这就使人类模仿生物发光创造出一种新的高效光源——冷光源成为可能。但是,人们对生物发光的认识还很肤浅,就拿研究得较多的萤火虫来说,萤火虫发光是为了交配,然而萤火虫的卵刚产下时,内部也发着光,萤火虫的幼虫也会发光,这些又是为什么?它们是怎样发光的?人们都还不了解。因此,人类对生物发光研究得越清楚,对于创造这种新光源必然会越有利。

蚕与人造丝

走进商店,大家常会被绚丽的丝绸所吸引。舒适的感觉、明艳的色泽,给人以极大的诱惑。在夏季拥有丝绸做成的衣裙是许多女孩子的美好心愿。

丝绸是一种比较名贵的织物,我国是丝绸的故乡。直到现在,人们还常常把丝绸同中国的古老文明连在一起。河西走廊穿过茫茫大漠,将美丽的丝绸和文明一起传到欧洲,人们叫它"丝绸之路"。

古时候,丝绸只有富人才穿得起,它有时候也就成了身份和地位的象征。从一首唐诗就可知当时的情景:"昨日入

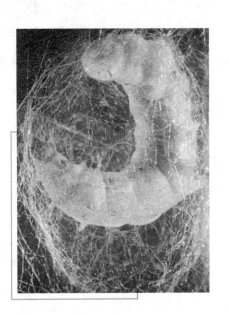

蚕

人类的仿生技术　化学仿生

城市，归来泪满巾。遍身罗绮者，不是养蚕人。"

以前的丝绸，是用蚕吐出的丝做成的。人们经过研究发现，蚕丝是一种蛋白纤维。人们用桑树的叶子喂蚕，经过一段时间，蚕吐出丝，结成茧，人们把茧进行处理，抽出丝，然后才能织出衣料。随着时间的推移，天然的蚕丝越来越不能满足人们的生产需求。于是，人们便想，能不能模仿蚕吐丝用人工的方法生产"丝"呢？

知识小链接

纤　维

纤维一般是指细而长的材料，具有弹性大、形变小、强度高等特点。纤维分天然纤维和化学纤维两种。天然纤维又分植物纤维、动物纤维、矿物纤维。化学纤维分人工纤维、合成纤维、无机纤维。

1855年，瑞士人奥蒂玛斯用硝化纤维溶液成功地制取出纤维。1884年，法国人夏尔多内将硝酸纤维素溶解在乙醇或乙醚中制成黏稠液，再通过细管吹到空气中凝固而成细丝。1891年在法国贝桑松建厂进行工业生产，但由于这种纤维易燃，生产中使用的溶剂易爆，纤维质量差，不能大量生产。1933年，蛋白质纤维开始生产。

人造丝的生产，为纺织业提供了大量原料。1942年，世界人造丝产量超过了真丝的产量。现在，我们见到的那些五光十色的丝绸，大部分都是人造丝。如今的丝绸，已经进入百姓家。

昆虫的"性导弹"与杀虫技术

19世界末，法国昆虫学家法布尔做了一个有趣的试验：把一只新孵化的天蚕雌蛾，装进一个用纱布缝制的口袋里，在桌上放上一夜，第二天发现有40多只同样的雄蛾闯进了这间屋子围着那只雌蛾。不动声色的雌蛾，怎么会招来如此之多的雄蛾呢？原来昆虫也有它们自己的语言和通信方式。

蟋蟀、蝼蛄的雄虫，靠翅膀震动、摩擦发出声音；雄蝉腹部有两片薄膜，进行鼓动鸣叫；有些蚁类却用头部敲击巢穴产生音节。这是它们的"声音语言"。然而，更多的昆虫是靠体内腺体分泌一种微量化学物质进行通信联系的。这种微量化学物质称为信息素。信息素常有特殊气味，在空气中扩散迅速。某一昆虫释放之后，同种的其他昆虫通过感受器接收，接收到的昆虫，就能知道对方所在的方位和所持的要求。这就是昆虫的"气味语言"。

目前，人们已经查明100多种昆虫信息素的化学结构，并根据这种化学结构和性能对昆虫不同行为的特征进行分类。如：引起同种异性个体产生性冲动与配偶行为的性信息素；帮助同类寻找食物、迁居异地指引道路和示踪信息素；通知同种个体对劲敌采取防御或进攻措施的示警信息素；召唤同种昆虫聚集过冬的集合信息素等等。

拓展阅读

昆虫告警信息素

昆虫在受到惊扰时会放出告警信息素。有一种斑点紫苜蓿蚜虫，当受到"敌人"侵袭时，立即释放出一小滴液体，使附近的蚜虫停止进食而离去。该液体物质经证明为一种倍半萜，是一种高度不稳定的烃。

人们已搞清楚，性信息素大部分产生于雌性个体，有300多种昆虫具有这种本领，大多数属于蛾类；有90多种昆虫的雄虫，也能产生性信息素，其中蝶类就占40多种。一种雌虫分泌的信息素，只对同种雄虫有作用，而对别种昆虫则毫无效果，因此，昆虫不会产生种族混乱的现象。

一般来说，雌性昆虫分泌的性信息素，作用距离较远，引诱力也强；雄性昆虫分泌的性信息素，引诱距离较近，只起安定雌虫接受交尾的作用。交尾后停止分泌，不产生气味物质，产生性信息素的腺体，雌性多集中在腹部或头部,而雄性多分散在胸、腹、足、翅等部位。感知性信息素的感受器,大多分布在头部触角或口须上,性信息素的气味,能在大气中维持一两分钟。每当雄虫感知之后,它就像一枚"性导弹",径直射向气味物质分子密度最大的地方,与雌虫交尾繁殖后代。

联邦德国化学家布特拿特经过20多年研究之后,于1961年用日本送去的50万只未交尾的雌蚕蛾,取出12毫克纯性信息素,定名为家蚕醇。试验表明,一只雌蛾一般只能分泌0.005~1.0微克(1微克等于1/100万克)性信息素。就这么一丁点儿性信息素,却能诱集万只雄蛾,可见其引诱力之强。

由于性信息素具有强大的引诱能力,人们就可以把害虫性信息素制成诱捕器,设在田间收集成虫,预测其幼虫的发生时期和数量,制定防治对策,开展大面积治虫工作。也正因为性信息素诱虫能力强,在虫子密度极低的情况下,甚至肉眼难以发现的地方,也能把虫子"叫出来",因此这种测报害虫的办法很准确。美国防治棉红铃虫,过去采用检查青铃被害率的办法来指导喷药治虫,往往施之过迟。后以延长防治时间、增加用药次数加以补救,一般7月1日至9月5日,平均用药9.4次;现在应用性信息素准确测报后,不仅省工90%,而且喷药次数减至5.1次,每英亩节省农药费用30美元。

把性信息素和粘胶、灯光、水盆、杀虫剂和化学不育剂等结合使用,也可以消灭大量害虫,美国农业部的科研人员,发现柑橘东方果实蝇性信息素的核心物——甲基丁香酚有很强的引诱力,用一张浸有甲基丁香酚的纸片,在一天内就诱得雄虫94~96个。后来把甲基丁香酚和二溴磷杀虫剂浸泡在甘蔗渣压制板上,在太平洋的一个33平方英里的洛他岛上做试验,于1962~1963年间,每隔两个星期用飞机投掷1次,连续15次后,所有的雄虫都被杀死了,剩下的雌虫也因未能找到配偶而死去,从而使这个小岛上的这种果树害虫暂时绝种。

此外,人为释放性信息素,使田间空气中布满气味物质分子,雄虫因无法辨认雌虫所在方位而找不到雌虫,或者因气味感受过度疲劳而丧失灵敏的反应,以致干扰害虫正常的交尾活动,降低虫口密度,减轻对作物的危害。

应用性信息素防治农林害虫,使用剂量极微,可把害虫诱集到一个很小的范围内,甚至不接触土壤和作物,就可以把它们消灭。即使有所接触,也很容易被生物分解,不会污染环境,性信息素具有高度的专一性,仅对某一防治对象有效,不误伤有益生物,害虫也不会产生抗药性,故有"无公害农药"之称。

获得性信息素的天然提取物,需要饲养大量的害虫,甚至要在半无菌条件下进行,其难度很大,现在,科学家们已攻克了一道道技术难关,模拟性信息素的化学结构,人工合成了棉红性引诱剂,开始在生产上大面积试用。

我国科学工作者,自1972年以来,合成了铃虫、梨小食心虫、麦蛾、二化螟等20多种农业害虫的性引诱剂。上海有机化学研究所和昆虫所协作,合成的棉红铃虫性引诱剂——烯烃酯类化合物,经大面积的田间试验,取得了明显效果。性引诱剂的合成,为农药事业的发展,展示了一个十分诱人的前景。

生物的善趋气与引诱剂

鲜美的鲑鱼是一种珍贵的自然资源。科学家发明了一种带特殊刺鼻气味的无色液体,叫"莫福林"。让幼鲑鱼从小生活在滴有"莫福林"的水中,它就会熟悉并暗记住这种气味,然后把幼鲑鱼放养在河中。当这些鲑鱼长大后,就会顺着河流奔向大海的"牧场"去长肥。秋天来临后,这些鲑鱼自己回到河里,去寻找那带有"莫福林"气味的故乡,繁殖产卵,这时就可以捕捞了。

基本小知识

鲑鱼

鲑鱼又称三文鱼,是深海鱼类的一种,具有很高的营养价值和食疗价值。鲑鱼是一种非常有名的溯河洄游鱼类,它在淡水江河上游的溪河中产卵,产后再回到海洋肥育。

人类的仿生技术 化学仿生

从大蒜中可分离出一种叫二烯丙基化二硫的气味物质，可代替杀虫剂，消灭蚜虫、菜蝶、马铃薯甲虫和蚊子的幼虫，防治马铃薯块茎蛾、棉红铃虫、棕榈红象鼻虫和苍蝇。

在250种鲨鱼中，有近50种伤害人。鲨鱼的嗅觉尤其敏锐，只要闻到极少量人或血腥的味道，就会从远处扑来，用海绵浸渍醋酸铜和黑色染料做成的防鲨剂，挂在潜水员身上，当凶残的鲨鱼向潜水员扑来时，就会突然转身，吓跑了。鲨鱼闻到了什么？原来鲨鱼闻到了类似它的同伴尸体腐烂时所发出的气味。

蚊子

蜘蛛丝与防弹衣

蜘蛛营造网的技能很高，而且结构合理、形状多样。三角形的、八卦状的、漏斗形的、华盖状的、圆币形的、不规则形的等等。蜘蛛按一种高级几何曲线"对数螺线"的无穷曲线形式织网，人工难以画得像它那样匀称、美观。斑点金蛛能织出比自行车轮还大的巨大圆网。危地马拉有一种蜘蛛，总是几十只汇聚在一起集体吐丝，织出硕大的网。这网有美丽的图案，红红绿绿，十分好看，还能抗风抵雨，不易损坏。当地居民竞相采用这种蛛网来做窗帘。

防弹衣

美国马萨诸塞州研究中心的军事科学家和分子生物学家们经过深入研究，发现了蛛丝的不少奥秘。首先，蛛丝的延伸力很好。眼下，世界上流行的防弹衣使用的凯夫拉纤维，其延伸力超过4%时就会断裂，而蛛丝延伸到14%还安然无恙，超过15%才会断裂。蛛丝这种极强的弹力，对于来自子弹的外力冲击能起到很好的缓冲作用，因此，它是一种最理想的防弹服装的材料。蛛丝的另一大特点是它的"玻璃化转变温度"极低。试验证明，蛛丝在$-50℃$~$-60℃$的低温下才出现"玻璃化"状态，开始变脆。而现行的大多数聚合物"玻璃化"温度只到零下十几度。蛛丝的这一特性，使其制作的降落伞、防弹衣和其他装备，即使在冰点以下的环境里仍具有良好的弹性；在骤然而至的重物冲击下，依然有极佳的承受能力。

知识小链接

对数螺线

对数螺线是一根无止境的螺线，它永远向着极绕，越绕越靠近极，但又永远不能到达极。据说，使用最精密的仪器也看不到一根完全的对数螺线，这种图形只存在于科学家的假想中。

高效率的催化剂

生物的活细胞，是天然化工厂。生物在进化过程中，获得了能有效地合成生命运动所必需的一切有机物的惊人本领。

生物的活细胞，是一个"反应堆"。在细胞中，可同时发生1500~2000个化学反应，而且完成这些反应的速度极快。例如，由缬氨酸开始，合成一条由150个氨基酸组成的肽链仅需1分钟。尤其惊人的是，只在常温、常压下就能完成这些反应。相比之下，现代的化学合成技术是何等的"笨拙"，不但必须在上千度的高温和几百个大气压下才能反应，而且最多只能同时进行几十个反应。

二者的差别为什么会这么大？最根本的原因就在于，在活细胞的化学反应中，起着支配和调节作用的是生物酶。据估计，一个活细胞中往往含有几千种生物酶，它们的催化效率比化学工业上应用的无机催化剂要高得多，而且有很强的选择性，一种酶仅仅催化一种特定的反应，并且往往只是一个反应，这也大大加强了生物酶的催化作用。因此，人们正在努力寻找把酶反应应用到化学工业和化学分析中去的有效方法。但是，生物活细胞中酶的含量极少，要提取和纯化它们是十分困难的。因此，要在化学工业和化学分析中广泛采用生物酶去催化化学反应，几乎是不可能的，而人工模拟合成生物酶，才是可行的途径。

不过，生物酶本身是一种蛋白质，是由一连串氨基酸组成的。其化学结构远比无机催化剂复杂，因而要用非生物化学方法严格地模拟酶也相当困难。经过进一步研究，发现在酶的蛋白质链中，不是所有的氨基酸分子都具有同样重要的作用，起催化剂作用的只是其中的"活性点"那一部分。因此，研究酶的活性点的结构是模拟生物酶的一个重要途径。

知识小链接

蛋白质

蛋白质是由多种氨基酸分子组成的高分子化合物，是生物体内含量最多的一类化合物。

蛋白质被誉为生命的"基础"，有生命的地方，就有蛋白质。蛋白质和核酸组成蛋白体。

对生物固态酶的生物化学研究和化学模拟，是生物酶研究的一个例子。

氮肥是植物生长发育必不可少的养料，氨是人工化学合成的氮肥。如果按每亩施用 20 千克氨计算，我国的 16 亿亩耕地每年就需要 3200 万吨氨。而目前全世界氨的产量不过 4000 万吨，远远不能满足人类的需要。因此，寻找合成氨的简易方法，自然就成了举世瞩目的研究课题。

高等植物不能直接利用空气中的氮气作为养料，但豆科植物根上的一种微生物——根瘤菌，则可以通过体内固态酶的作用，从空气中提取氮，从水中取出氢，并将二者合成氨，当然这是在常温、常压下以极高的速率进行的。

目前，在石油工业、化学反应工业的生产过程中都广泛采用了催化剂。催化剂能够使一些化学反应的速度加快，而它们本身在化学反应结束后却没有什么损耗，也不发生化学变化，这种能使化学反应加快的本领是催化剂的一个特点，称为"活性"。催化剂的活性越高，被它催化的化学反应速度就越快。

目前比较普遍的看法是，在有催化剂的化学反应中，当参加反应的不同分子在互相进行化学反应之前，催化剂就先和反应分子接触，通过一些特殊的物理和化学作用，使这些反应分子的化学结构发生有利于化学变化的反应。

因此，催化剂也是积极参加反应的，但是在反应之后还能从反应中解脱出来，仍然保持原来的性质。例如，在室温条件下，把氢气和氧气按 2∶1 的比例放入玻璃瓶内密封，即使经过很长时间，也只有少量的氢气和氧气发生反应而成水。但是，如果在瓶内加入少量的白金粉末，绝大部分的氢气和氧气就几乎立即化合成水，而白金粉末的数量和质量都没有发生改变。催化剂的第二个特点是对所催化的化学反应方向有选择性，使化学反应沿着某一方向进行。

化学武器的诞生

自化学武器问世以来，曾给一些国家带来灾难，使无数人在化学战中丧生。因此，它遭到了全世界爱好和平的人们的强烈反对，国际公约也明确禁止在战争中使用。但一些国家仍在不断地研究和生产。化学武器是怎样发明的呢？这还得从一种名叫气步的小虫谈起。

知识小链接

化学武器

化学武器是以毒剂的毒害作用杀伤有生力量的各种武器、器材的总称，属于一种大规模杀伤性武器。化学武器是在第一次世界大战期间逐步形成的。

气步的肚子里有一个能进行化学反应的反应室，一端通向肛门，另一端有两个管道，分别通向体内的两个腺体。这两个腺体一个生产对苯二酚，另一个生产过氧化氢。平时这两种化学物质分别贮存，不会相互接触。一旦遇到敌害，气步便猛地收缩肌肉，把这两种物质压入前面的反应室。在反应室里，过氧化氨酶使过氧化氢分解，放出氧分子；在过氧化物酶的作用下，对苯二酚被氧化成醌。反应放出大量的热，在气体压力下喷射出来的醌水化合物达到了沸点，就发生了爆炸声并形成一团烟雾，从而吓退前来威胁的各种敌人。

还有一种小动物的技术比气步更高一筹，在它的反应室里分解成的氢氰酸和苯甲酸，以蒸气形式喷射出去，一次喷的氢氰酸足以将几只老鼠毒死。

在自然界里，使用"化学武器"防御敌害的小动物还不少。它们同气步的防卫原理一样，产生出醋酸、蚁酸、氢氰酸、柠檬酸等，对敌实施攻击或防御。现代火箭和化学武器的制造，使人们产生着一种神秘感，殊不知，这还都是从小虫豸的化学战中得到的启示呢！

火箭里的液态氢和液态氧也是分别存放的，它们有管道通向反应室，火箭点燃后，将液氧、液氢压于反应室，氢和氧发生剧烈的化学反应，生成水和大量的热。水在这种高温下变成水蒸气猛烈地从尾喷管喷出去，产生强大的反作用力，推动火箭前进。化学武器所不同的是将反应室里反应所产生的有毒物质再由炸弹爆炸的冲击波散发出去。

化学武器作为一种人类相互残杀的工具是应当被禁止的，但小动物带给我们的启示并非只能制造化学武器。

生物膜的模拟

生物膜是指包围整个细胞的外膜。对于真核生物还包括处于细胞内具有各种特定功能的细胞器的膜，如细胞核膜、线粒体膜、肉质网膜等等，称为细胞内膜。生物膜是生物细胞的重要成分，具有复杂的细微结构和各种独特的功能。对于生物膜的研究以及构成生命现象本质的许多问题，如能量转换、物质转换、代谢的调节控制、细胞识别、信息传递等都和它有密切的关系。

知识小链接

真核生物

真核生物是由真核（被核膜包围的核）细胞构成的生物。具有细胞核和其他细胞器。所有的真核生物都是由一个类似于细胞核的细胞（胚、孢子等）发育出来的，包括除病毒和原核生物之外的所有生物。

真核细胞的膜约占细胞干重的50%～70%，它不仅是包围细胞质的口袋，或者区分细胞内各细胞器的隔膜，而且作为一种结构为细胞提供了细胞空间内的支持骨架，使酶和其他的物质有秩序地排列在细胞内外的"骨架"上，因而保证了细胞内有条不紊高效率地进行成千上万的各种反应，保证了生命活动的正常进行。

生物膜的构造是非常复杂的，它的成分主要是蛋白质和脂类物质，此外还有少量的糖、核酸和水。其中蛋白质占60%～75%，脂类占25%～40%，糖类占5%左右。其中脂类物质规定膜的形态，蛋白质则赋予膜的特殊功能。

蛋白质与脂类的比例在不同的细胞膜中是不同的，功能复杂的膜，其蛋白质的含量也比较高。

构成膜内脂类的主要成分是磷脂，它是一个两性分子。每一个磷脂分子由极性部分和非极性部分组成。生物膜中的磷脂呈双分子平行排列，极性部分排列于双层的外表面，非极性部分朝着膜的内部，这就形成了膜的基本结构。蛋白质和酶等生物大分子或者主要结合在膜的表面上，或者可以由膜的外侧伸入膜的中部，有的甚至可以从膜的一侧穿透两层磷脂分子而暴露于膜的另一侧外。在暴露于膜外侧的蛋白质分子上有时还带有糖类物质。这些蛋白质、酶和糖类物质在生物膜的位置上并非固定不变，而是处于一种不断运动的状态。膜的各项生理功能主要是由蛋白质、酶、糖类决定的。

目前，普遍认为生物的基本结构是具有疏水性的膜蛋白与不连续的脂双层的镶嵌结构。对于水溶性的物质如金属离子、糖类、氨基酸等透过膜是一个"屏障"。但是活着的正常细胞，水溶性的小分子物质仍然可以穿透细胞膜，其中碘在细胞内的积累浓度比海水中高千倍以上。人体内在颈部气管的两旁有一种内分泌腺，称为甲状腺，甲状的腺泡细胞对于碘也具有很强的选择性摄取、浓缩和运转的能力。

细胞对某种物质所具有的浓缩功能，使某物质在细胞内的含量远远超过细胞外的数量，这种物质被输送到膜内是逆着浓度差进行的。这类输送过程称为"主动输送"，而且要消耗代谢能量。如果在主动输送过程中停止能量的供应，主动输送就变成"促进输送"，使膜内高浓度的物质顺着浓度差的方向将物质输送至细胞外，直至被输送的物质在细胞内外的浓度相等为止。

总之，膜的选择性输送功能，主要是由膜上的载体蛋白的作用实现的，载体的作用使膜提高了渗透率，且有高度的选择性。具有选择性的通透性是生物膜的一个特性，使细胞能接受或拒绝、保留（浓缩）或排出某种物质。

人们如果能模拟生物膜的输送功能，创造出选择性强、高效的分离膜，不仅具有重要的理论意义，而且在化学工业中也有很高的实用价值。目前，在模拟生物膜的"促进输送"和"主动输送"的功能方面取得了一些进展，利用液膜技术达到了对气体及溶液中离子的选择性分离的目的。

液膜分离技术是从20世纪70年代初发展起来的,它以模拟生物膜的"促进输送"为基础,是一种新方法、新技术。在液膜中加入适当的载体分子后,大大提高了液膜的渗透率和选择性,展示了良好的应用前景。

人工模拟生物膜输送物质的功能,把载体应用于化学分离,由此而产生的一种新的分离技术——液膜分离技术,为化学工业实现高速、专一分离目的开辟了一条新途径。人们可以根据不同的分离对象而设计不同的在液膜中进行的平衡反应。可以预料液膜分离技术在气体分离、海洋资源的开发和应用中将起到巨大作用。而生物膜化学模拟工作的广泛开展也将推动对生物膜的深入研究。

光合作用

象是大陆上现存的最大动物,高度达5米左右;鲤鲸是海洋中现存的最大动物,长约30米(与久已绝种的恐龙相比,仅仅有几米之差),但它们还不是生物界中的"最大者"。世界上现存的最高大的树木——澳大利亚的桉树,高度竟达155米,美国加利福尼亚的"世界爷"(由于树枝光秃秃的像猛犸的大牙齿一样,所以又称"猛犸树",植物学家也常称它巨杉)可长到142米高。

桉树的种子常常是有棱角的、棕褐色的细小颗粒,两棱角之间的最远距离也不过1～2毫米,但这么小的种子,仅仅经过7年左右的时间,就能长成一棵高达19米、粗为1.5米的大树了。这些寸步难行的植物,是依靠什么东西生长出来的呢?大概是从土壤

你知道吗

不怕火的桉树

桉树有一定的耐火性,只要树干的木心没有被烧干,雨季一到,便又会生机复苏。更为叫绝的是,桉树种子不仅不怕火,而且还借助大火把它的木质外壳烤裂,便于生根发芽。

中吸收而来的吧！过去人们一直是这样猜想的。

在 17 世纪，有人曾为此做了一个专门的试验：把一枝小柳树插在盆中，每天浇浇雨水，5 年以后，惊奇地发现虽然柳树的体重从原来的 5 磅增加到 169 磅，但盆中的泥土只减少了 0.02 千克。这个试验有力地证明，植物生长所需要的大部分东西，不是从土壤中吸取的。但究竟是从哪里来的呢？人们又想到了水。

由于水是植物原生质的重要组成部分，原生质内部含水量的多少，会直接影响到原生质的状态，如凝胶、溶胶、团聚体的相互转换等，严重的缺水往往会使胶体凝固而停止生命的活动，所以水在植物的生长中的确占有很重要的位置。植物在生长中所消耗的水，是很惊人的。据统计，一株向日葵在整个夏天要消耗 250 千克左右的水，水稻每长成 1 千克干物质就要消耗 600～700 千克的水，甚至更多。

绿色植物

但人们又经过了近 200 年的研究，发现植物生长光有水还是不行的。科学工作者曾仔细地进行过观察，发现植物的叶子是水分蒸发十分强烈之处，因为一般植物都具有很多的叶子，植物与空气的接触面积也非常大。如一棵中等大小的桦树，它大约有 20 万片叶子，如果每片叶子的平均面积为 6 平方厘米，则 20 万片叶子的总面积为 1200 平方米，这个数值相当于 2 亩土地的面积。由于这些原因，所以根吸收进来的水分，大约有 99.8% 通过叶子被蒸发掉了。

既然这样，那么在植物的生长过程中，究竟是什么东西在起作用呢？经过深入的研究，人们从分析空气的成分和有机物质的化学结构中知道，原来植物的生长和发育，除了水的作用之外，空气和阳光起着巨大的作用。计算表明，植物制造出 1 克糖，不仅需要吸收相当于 2500 升大气所包含的二氧化碳，而且还需要相当于 4 千卡的太阳能。

但阳光、大气和水，这三者在植物的生长过程中又是怎样起作用的呢？这就是植物所独有的一种神秘的本领——光合作用。

光合作用，一般来说，是植物利用二氧化碳和水，在阳光的照射下，通过叶绿素吸收太阳的辐射能，把无机物变成碳水化合物的过程。

1954 年，人们将植物叶子中的叶绿素提取出来，并加入含有放射性同位素的二氧化碳，再放在阳光下照射，结果有趣地发现，叶绿素能生成放射性碳水化合物，并放出氧气。

> **知识小链接**
>
> **同位素**
>
> 　　同位素是指具有相同质子数，不同中子数（或不同质量数）的同一元素的不同核素。自然界中许多元素都有同位素。同位素有的是天然存在的，有的是人工制造的，有的有放射性，有的没有放射性。同一元素的同位素虽然质量数不同，但它们的化学性质基本相同，物理性质有差异。

叶绿素的这个本领是从哪里来的呢？为了揭开秘密，人们又用显微镜对植物的叶子进行了仔细的观察和分析，结果发现植物叶子中组成叶肉的细胞内存在大量的绿色"小球"（即叶绿体或叶绿球）。这些小球由基粒和间质两部分组成，它的外部还具有一层半透性的薄膜。基粒是叶绿体中许多圆碟形的非常微小的颗粒，它埋在同质之中，介质则主要由蛋白质组成。在含有大量色素的基粒之中，还排列着一层层、一束束有次序的叶绿素分子。当光线照射到这些叶绿素分子时，它们就会利用日光的能量，把水和二氧化碳制成糖，糖就可以合成我们食用的淀粉，经过转变之后，也可以合成脂肪和蛋白质，在这个转化的基础上，也可以进一步合成维生素以及橡胶等重要原料。

一般植物的叶绿素，都是呈绿色的，为什么不呈其他的颜色呢？有关的

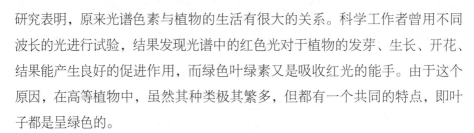

研究表明，原来光谱色素与植物的生活有很大的关系。科学工作者曾用不同波长的光进行试验，结果发现光谱中的红色光对于植物的发芽、生长、开花、结果能产生良好的促进作用，而绿色叶绿素又是吸收红光的能手。由于这个原因，在高等植物中，虽然其种类极其繁多，但都有一个共同的特点，即叶子都是呈绿色的。

在光合作用的过程中，光的影响是很大的。光能通过叶绿体吸收后，迅速地将能量传给水分子，使水在光的照射下发生分解，在分解过程中不仅放出氧，同时还形成质子和电子。由叶绿素激发出来的电子，能像爬山一样，爬到一个高能的水平，然后通过许多传递体回到原来的水平，在电子的流动过程中，进行光合作用的两种最基本的东西也就形成了，电能变成了化学能。

人们发现许多不能食用的植物叶子不仅含有可以食用的蛋白质、脂肪、淀粉、胡萝卜素（人食用之后，在人体内可以转变成多种维生素）和抗血酸等物质，而且这些物质的含量，常常比种子和块茎还要多，所以人们大胆地设想从叶子中直接提取可供食用的蛋白质等物质。但由于叶子一般含有大量的纤维素，可供食用的物质常常被包在由纤维素所组成的细胞壁里边，人们直接食用这些叶子，一般无法消化和吸收叶子中可供食用的物质，所以，科学工作者提出了一套从叶子中提取可供食用物质的工艺过程：植物的叶子经过压碎、打浆、压榨、加热、过滤和干燥等步骤之后，叶子的细胞壁就会被打破，可供食用的物质就可以从纤维素中分离出来。

据说，利用这种加工方法的一种名叫"机械牛"的提炼机器，使用同量的草料，"机械牛"所形成的蛋白质，可以10倍于以肉和奶的形式所提供的蛋白质的数量。

一种可以用来制造片状、海绵状或口香糖状的人造肉的工业用挤压植物蛋白设备也已经问世了。虽然机器的产品在广泛性、多样性等方面还存在着一些问题，但它诞生的意义是深远的。因为它不仅要以自然界中任何植物的叶子作为原料来大量生产纯粹的蛋白质，为人类的食物提供了一个新方向，而且对于人类的生活和工作，也将产生革命性的影响。

为了解决人在宇宙飞行中的诸多问题,除了对宇宙飞船提出一系列的要求之外,对于人在漫长的征途中所需要的食物、水、氧气的供应,以及人在生理作用下排出的水汽、二氧化碳等废物的处理方面,还必须采取一定的措施。

目前,人们常采用压缩的或液态的氧气来保证供应宇宙飞行员在呼吸时对氧所需要的数量和压力。对于飞行员在呼吸过程中所产生的二氧化碳,一般是利用化学吸收剂——锂、钾、氢氧化合物等物质来进行排除。但这并不是最好的办法,如果人们要到很远的星球上去做客,这种办法肯定会遇到很大的困难。

怎样来解决这个问题呢?人们在经过许多试验后发现,寄生绿藻在得到二氧化碳及适当的光线之后,放出来的氧气常常要比一般植物多。计算表明,2.3千克的寄生藻在1小时内就可放出足够人在1小时内所需要的氧气量。

如果考虑到寄生藻在光合作用时,还能吸收二氧化碳的话,那人类在远征宇宙时寄生藻的价值就更高了。

光合作用是地球上影响最大、与人类关系最为密切的一种反应过程。它不仅为地球上所有植物的生长提供了条件,而且是人类和许多动物生存所需物质的唯一来源。

由于大部分陆地为绿色植物所覆盖,即便是海洋,从光合作用的观点来看,也并不是不毛之地,因为在深达20～50米或更深的海水中,往往存在着大量的、只有在显微镜下才能看到的单细胞藻类。这些在1公顷面积内可达3～4吨重的单细胞藻类,和绿色植物一样,在光的作用下,每年也能将大量的二氧化碳中的碳还原而形成有机物质。所以人们根据陆地植物和水生植物的生长数字,曾进行过粗略而保守的估计:假定1年中每公顷陆生植物,由于光合作用而固定1.2吨碳,水生植物由于光合作用而固定3.75吨碳,再加上它们用于呼吸作用的15%的碳,则1年内植物在光合作用过程中,固定碳的总数量可达:陆生植物约200亿吨,水生植物约1550亿吨,两者加起来可达1750亿吨。

知识小链接

单细胞藻类

单细胞藻类是海洋植物中结构最简单,但在海洋生态系统中却最具重要意义的一群生物,是许多水生动物的直接饵料。而那些不直接摄食单细胞藻类为生的动物,也大都是间接地以它们作为饵料。

根据这个总数,就可以推算出地球上的植物,每年在光合作用的过程中,要形成大约4000亿吨左右的有机物质,这个非常巨大的数值,就是地球上规模及影响最大的物质环——碳的循环。

目前,地球大气中氧的含量仅为 1.5×10^{15} 吨,所以,植物在光的作用下,可以担负起这样一个重任:用3000年左右的时间,把地球上大气中的氧更换一次。这就是地球上另一个重要的物质循环过程——氧的循环。

光合作用的丰功伟绩还远不止如此,它对其他的物质循环,也能起到很大的推进作用。

光合作用的研究具有重要的意义。从现实的情况来看,植物光合作用,是大气中氧的来源,氧不仅是人和动物的生存所不可缺少的东西,也是目前工业中的一种重要的助燃剂。植物的光合作用,为人类提供了无法计算的工业原料。如各种纤维、木材、橡胶、造纸的原料、造酒精的原料等等。植物的光合作用,也是人类目前所利用的能量的基本来源。因为迄今为止,在国民经济中的各个部门和日常生活中,人们所需能量的95%,都是从过去的或现在的光合作用的产物中取得的。植物的光合作用,也是人类目前所利用的一切食品的根本来源,这些植物的收获物,有90%~95%是由植物在光合作用的过程中形成的。

生物体内的魔术师——酶

生物体内有一种奇妙的蛋白质叫作酶，生物体内发生的一切化学反应都是在酶的催化作用之下实现的。酶是一种催化剂。

说起催化剂，少年朋友们也许会感到陌生，举个例子就明白了。一块糖用火是烧不着的，可是，如果在糖块的一角撒一些烟灰，一点火，糖便可以烧起来。烧完以后，烟灰还是烟灰，并没有变化。在这里，烟灰起了催化剂的作用。催化剂能促进化学变化，但是在化学变化的前后，它本身的量和化学性质并不改变。酶在生物体内，也能起促进化学变化的作用，所以我们可以把它叫作生物催化剂。酶是1815年由一位俄国人发现的。但是，人类有意识地利用酶的历史则要长得多。我们的祖先远在4000多年前就知道利用霉菌的淀粉酶来酿酒。我国是世界上第一个使用酶的国家。

拓展阅读

酶最适温度

一般来说，动物体内的酶最适温度在35℃~40℃，植物体内的酶最适温度在40℃~50℃；细菌和真菌体内的酶最适温度差别较大，有的酶最适温度可高达70℃。

酶字的一半是"每"字，正巧说明了最早的酶是从霉菌来的，也说明了酶的广泛存在和广泛用途。"每"种生物，"每"个器官，"每"个细胞里都有酶；生物体内的"每"种生化反应都需要酶。酶的品种很多，像个小王国，目前的"人口"有2000左右。它们分工严格，专一性很强，一种酶品只能催化一种反应，就像一把钥匙只能开一把锁一样。

人和动物身体里有着各种各样的酶。一条蟒蛇囫囵吞下一只完整的小动物，居然能把它消化掉，这就是酶的作用。酶把这只小动物的身体分解成几种化学成分，又把它们重新组合，变成蛇的肌肉。这情形就像一队建筑工人拆了一栋旧房子，然后又利用拆下来的砖瓦和木料建成一栋新房子一样，在这一拆一建之中，酶立下了汗马功劳。

由于酶有这样奇妙的本领，科学家们便研究酶的秘密，想要造出一种具有酶的功能而又比酶稳定的人工催化剂。前几年，有个叫凯富尔的人，成功地模拟了硫酸酯酶（也就是说，他用人工的方法造出了硫酸酯酶）。据试验，它的本领比天然的硫酸酯酶还要大，这是模仿酶而又超过酶的第一个例子。后来，又有人成功地模拟了过氧化氢酶和血红蛋白。血红蛋白有可能用于人工肺中，以挽救垂危的病人，也可以给登山、长跑运动员、潜水员带来方便。

有一种酶叫固氮酶，模拟这种酶现在已经成为农业科学研究的重要课题。大家知道，各种庄稼在生长过程中都需要大量的氮肥，空气中本来就有大量的氮，可惜大部分庄稼都不能从空气中直接吸收，需要人工施肥，只有大豆、花生等豆科植物例外。这是因为，它们的根部有大批根瘤菌，根瘤菌里的固氮酶能利用空气中的氮合成氨，供给植物吸收。

固氮酶远在1893年就被人发现了，但是要人工造成这种酶很不容易，科学家们经过几十年艰苦卓绝的努力，才制成了有固氮本领的模拟酶。

它们在室温（一般指15℃～25℃的温度）和常压下，几秒钟内就可以使空气中的氮和水中的氢直接结合成"联氨"，联氨经过加温以后可以释放出氨，供植物吸收。氨是植物的"粮食"，也是化学工业的基本原料，不远的将来，当人们能够大量生产固氮酶的时候，氨的产量也会大大增加。到那时候，化学工业和农业生产一定会飞速发展，出现魔术般的奇迹。

奇妙的化学反应

人们曾把草藤栽在绝对纯净的蒸馏水中，除了加入少量的钙盐作为养料之外,植物的生长几乎不与外界发生物质交换,但经过一个多月的时间之后,发现草藤中的磷元素比原来减少了,而钾元素却增加了十分之一左右。

这是什么缘故呢?这种能将一种元素转化为另一种元素的奇妙本领,常常使近代的科学家们感到惊奇,因为迄今为止,科学工作者只有利用原子反应堆或回旋加速器等复杂的设备,才能使一种元素转化为另一种元素。但植物却不同,它们能在常温常压下,轻而易举地完成这项艰巨的工作。

知识小链接

原子反应堆

原子反应堆又叫核反应堆或反应堆,是装配了核燃料以实现大规模可控制裂变链式反应的装置。

非凡的化学本领还表现在其他的许多方面,如非生命物质向生命物质转换的过程。绿色植物就是一个天然的有机化学工厂,它们能吸收外界的无机物质,并把无机物质转化为有机物质,制造出各种供人和动物食用的果实、香料和药物,或燃料、染料等,如甘蔗和甜菜里,就含有大量的糖。除此之外,一些植物还具有合成蛋白质的本领。

有一个有趣的故事,在某个牧场里,由于年景不佳,牧草大多长得矮小枯黄,但奇怪的是有一块牧草却长得十分茂盛,远远看去,就像沙漠中的绿洲一样。什么原因呢?原来这块绿洲的附近,有一个铜矿工厂,许多抄近路走的工人,常常从这里走过,工人皮靴下沾着许多铜矿粉,也就大量地留在这个地方,于是这里就长出了一片绿茵茵的牧草。这个事实清楚地告诉我们,微量元素在生物的生长过程中,能起到"维生素"的作用。

研究表明,生物体中仅仅有占两万分之一以下的微量元素,常常与生物体内各种主要酶的活动有极为密切的关系,而各种酶又是机体基本代谢活动的支持者,所以说,如果酶的组成部分发生变化,生物体内的正常活动就会失调，进而会引起各种疾病。

　　微量元素与人体的构造有密切的关系。如果某些地区由于水分或土壤中缺少碘，则当地的许多居民就会患一种"粗脖子"病。在过去，人们常把这种现象和霍乱、伤寒、猩红热等疾病联系在一起，当作传染病看待。随着人们对微量元素的逐步认识，这个谜终于被揭开了。给病人服用一些食盐并加上几千分之一的碘化钾，就可以很快战胜这种疾病。

　　称碘为"大哥"的溴，对人体和动物机体中的血液、脑和肾脏的工作，起着很大的作用。如果它的含量减少，则人体和动物的神经系统就会出现故障。

　　钴、锰和铜等元素，也是人体中非常重要的一些微量元素。食盐中的金属部分——钠，是探索神经记忆奥妙的关键部分。研究还表明，由于生物体内各种机体具有不同的构造和功能，所以机体中各部分微量元素的含量，也不完全一致。例如在动物的有机体中，锂主要集中在肺里，镍主要集中在胰腺里，铜主要集中在脑子里，钡主要集中在眼睛的视网膜里，锡主要集中在舌头的黏膜里……

　　血液由于是机体各部分营养物质的来源，所以里面含有30多种微量元素。肝脏是血液的制造者之一，研究测定，肝脏里面含有更多的微量元素，它几乎"蕴藏"着门捷列夫周期表中的所有元素。

化学仿生研究前景展望

　　生物体是一个天然的、规模巨大的"化学工厂"。这个天然的"化学工厂"里面存在着无穷无尽的奥妙，等待着我们去发掘和利用，这就是仿生学在化学领域中面临着的一个艰巨任务。但由于任务面广量大，且非常艰巨，所以对于化学仿生，目前研究得比较多的，仅局限在以下几个方面：

　　第一方面，是利用人工的方法，按照天然物质的结构形式，合成许多重要的物质，如生物碱、维生素、激素和抗生素、蛋白质，甚至核酸片段，或者对天然物质的部分结构加以改造，合成更有生物活性的物质，如按照某些蛾类性引诱剂的结构，合成一种可以消灭害虫的农药。

第二个方面是借用个别生化反应的机制，来改进人工合成的技术。如在新陈代谢过程中起重要作用的氢可的松。虽说人工可合成这种物质，已有很多年的历史了，但步骤繁多，可一些微生物活细胞却能轻而易举地完成这项任务。

第三方面是借用整个生物合成的路线来扩大人工合成的物质。如目前得到广泛应用的人工橡胶，可以用来加速食用酵母生长的全合成脱硫生物素，以及能耐受4000℃高温、性能无与伦比的树脂等等。

拓展阅读

生物碱的来源

含有生物碱的植物有100多个科，双子叶植物中的茄科、豆科、毛茛科、罂粟科、夹竹桃等所含的生物碱种类特别多，含量也高。生物碱存在于植物体的叶、树皮、花朵、茎、种子和果实中，分布不一。一种植物往往同时含几种甚至几十种生物碱。

第四方面是酶的模拟。酶的应用，我国最早可以追溯到远古时代。酶在公元前22世纪的夏禹时代，就已经用于酿酒。在战国以前，就已经利用淀粉酶水解来制造饴糖。利用酶来控制疾病，在我国也很普遍，如中药里的陈曲，就是一种非常重要的药剂，特别是在治疗胃病时常常用到它。

酶也叫酵素，是构成机体细胞与组织的一种特殊蛋白质，分子量很大，遇到60℃~70℃的温度时就会失去活性。它也是生物合成中用的蛋白质催化剂。它和化学工业中应用的无机催化剂相比，具有高效专一、条件温和、不促进新的反应、在反应过程中也不会被消耗等特点。

人类的仿生技术

定向导航仿生

RENLEI DE
FANGSHENG JISHU

候鸟每年不远万里从南飞到北，又从北飞到南，无论白天还是黑夜，从不迷失方向；一些昆虫每年都要跨越大陆和海洋，到数千里之外的地方过冬，从不迷失方向，鱼类也有类似的神奇功能，其中的秘密就在于它们拥有一套神奇的定向导航系统，正是这些神奇至极的定向导航系统，才让它们无论是在白天还是黑夜，也无论是在苍茫大海，还是在茫茫戈壁都能准确找到前行方向。通过对这些定向导航系统的研究，人类开发出了很多定向导航设备，并应用于多个领域。

人类的仿生技术 — 定向导航仿生

动物远程导航的启示

候鸟南来北往,沿着一定的路线飞行。科学家用雷达观察,发现在夜里飞行的候鸟比在白天飞行的多得多。这真奇怪,难道夜里比白天更容易识别方向吗?人们因而想到,也许有的候鸟是靠星星来认路的。为了证明这种猜想,科学家对北极的白喉莺进行了实验。这种鸟每年秋天从巴尔干半岛向东南飞,越过地中海,到达非洲,再沿着尼罗河向南飞,到这条河的上游去过冬。它主要在夜间飞行。

基本小知识

候鸟的迁徙

候鸟是指随着季节变化而南北迁移的鸟类。夏天的时候候鸟在纬度较高的温带地区繁殖,冬天的时候则在纬度较低的热带地区过冬。夏末秋初的时候,候鸟由繁殖地往南迁移到过冬地,而在春天的时候由过冬地向北返回到繁殖地。

科学家把白喉莺装在笼子里,带进了天象馆里,那里有人造的星空。当天象馆的圆顶上映现出北极秋季夜空的时候,站在笼子里的白喉莺便把头转向东南,就是在秋季飞行的那个方向。然后,人造星空根据白喉莺飞行的方向逐渐改变位置,白喉莺随着星象的变化,使自己始终朝着它所要飞行的方向,仿佛正在做一番长途的秋季旅行。

这个实验证明,白喉莺能根据它

白喉莺

看到的天空里的星星，来辨别自己的航向。人们还发现，在大海中来回游的生物也有这种本领。鱼类和海龟迁徙的准确性也不逊色。一种鳗鱼从内河游入波罗的海，横过北海和大西洋，而后便准确地到达百慕大和巴哈马群岛附近产卵。生活在巴西沿海的绿色海龟，每年3月便成群结队地游向2200千米之外的产卵地——大西洋中长仅几千米的阿森匈岛，在岛上产卵后，6月间又游回巴西沿海。

动物远程导航的奇异本领，以及它们精巧的天然导航仪，长时间以来一直吸引着许多研究工作者。人们逐渐弄清楚，许多鸟类和其他动物体内都有精确计算时间的"生物时钟"，可以根据时间确定太阳或星星的方位，因而能够利用太阳或星星作为定向标；而另外一些种类的动物则可利用海流、海水化学成分、地磁场、重力场等进行导航。

人类早就知道在航行中利用星星来辨别方向了，然而利用眼睛识别星星的本领，比起那些动物来差多了。

现在人们设计了一种由光敏元件、电子计算机和操纵机构组成的导航仪。光敏元件就像眼睛，它能够一直瞄准星星，当星光偏离预定航线时，"眼睛"就会向电子计算机这个"大脑"报告，"大脑"马上就能计算出应当校正的误差，命令操纵机构自动调整航向。

昆虫隐身术的启示

昆虫的隐身术是相当高明的。一只蝴蝶落到花朵上，看上去好像是为花朵增加了一个花瓣；酸苹果树上的蜘蛛从不结网，只是静静地躲在花上，变成跟花一样的颜色，轻而易举地捕捉前来栖息的幼虫。

在军事技术当中，也有类似的隐身技术。像侦察中的化装术和通信中的干扰术，飞机和导弹的隐身术等，都是隐身技术。不过，这里的"隐"字，不是对眼睛说的，而是对雷达、红外电磁波和声波等探测系统说的。

人类的仿生技术

定向导航仿生

目前，军用飞行器的主要威胁是雷达和红外探测器。用什么办法对付这种威胁呢？经过研究，隐形材料应运而生了。隐形材料是指那些既不反射雷达波，又能够起到隐形效果的电磁波吸收材料。它是用铁氧体和绝缘体烧结成的一种复合材料。这种材料是由很小的颗粒状物体构成的。电磁波碰到它以后，就在小颗粒之间形成多次不规则的反射，转化成热能被吸收了。这样，雷达就收不到反射波，也就发现不了飞行器。

战略轰炸机

到20世纪80年代初，神秘的飞行器隐身技术有了新的突破。它跟高能激光武器和巡航导弹被列为军事科学技术上的三大革新。美国计划投入使用的B-LB战略轰炸机，就用上了一些重要的隐身技术。其雷达反射截面不到1平方米，是B-52型轰炸机的1%。这种飞机将取代目前的B-52战略轰炸机。1983年底，日本防卫厅宣布，它跟美国国防部合作研制出了一种雷达发现不了的新导弹。这种新导弹上面涂有含有特殊合金的铁酸盐涂料，它可把雷达的电磁波迅速转化成热能。目前，除了先进技术轰炸机正在试飞行外，实用的隐身巡航导弹、隐身飞机等都将问世。

昆虫导航的启示

在自然界中，有一些昆虫每年都要跨越大陆和海洋，到数千里外的地方去过冬。它们除了具有惊人的"长跑"本领以外，还能在茫茫大海上空，不迷失方向，准确地向目的地前进。这究竟是怎么回事呢？另外，蜜蜂离巢到很远的地方去寻找蜜源,尽管它们在花丛中反复迂回穿行,但仍能准确无误地飞回自己的蜂巢,这又是什么原因呢?最新研究表明,某些昆虫之所以能辨别方向,似乎与太阳方位关系不大,因为长途迁徙的昆虫,即使在黑夜中也在继续向目的方向飞行。真正的原因,是这些昆虫身上含有氧化铁,虽然氧化铁的数量极微,但它足以感受到地球磁场变化的影响。

我们知道,地球上北纬40度的磁场强度为0.5高斯(或50 000伽马)。从赤道到两极,随着纬度的不同,磁场强度也不断变化,每隔1千米,磁场强度就相差5伽马。昆虫之所以能够不迷失方向,是因为它们有感受地球磁场细微变化的高超本领。昆虫在千万年进化过程中,逐渐形成这样奇妙的飞行能力,是大自然的一种奇迹。研究仿生学的科学家们,也许有朝一日将从昆虫的飞行中,获得有益的启示,来改进将来飞机的设计,并创造新颖的飞行器。

昆虫楫翅的启示

苍蝇等双翅目昆虫后翅的痕迹器官——楫翅,不但能使昆虫不用跑道而直接起飞,而且是使昆虫保持航向的天然导航器官,因此又称为平衡棒。昆虫飞行时,楫翅以330次/秒的频率不停地振动着。当虫体倾斜、俯仰或偏离航向时,楫翅振动平面的变化便被其基部的感受器所感觉。昆虫脑分析了这一偏离的信号后,便向一定部位的肌肉组织发出指令去纠正偏离的航向。

人们根据昆虫楫翅的导航原理,研制成功了一种"振动陀螺仪"。它的主要组成部件形似一个双臂音叉,通过中柱固定在基座上。音叉两臂的四周装有电磁铁,使其产生固定振幅和频率的振动,以模拟昆虫楫翅的陀螺效应。当航向偏离时,音叉基座随之旋转,致使中柱产生扭转振动,中柱上的弹性杆亦随之振动,并将这一振动转变成一定的电信号传送给转向舵。于是,航

人类的仿生技术　　定向导航仿生

向便被纠正了。

由于这种"振动陀螺仪"没有普通惯性导航仪的那种高速旋转的转子，因而体积大大缩小。受到这类生物导航原理的启示，人们逐渐地发展了陀螺的新概念，还制成了高精度的小型"振弦角速率陀螺"和"振动梁角速度陀螺"。这些新型导航仪现已用于高速飞行的火箭和飞机，能自动停止危险的"翻滚飞行"，自动平衡各种程度的倾斜，可靠地保障了飞行的稳定性。

由鱼类推出的声呐系统

海豚的声呐系统是动物界的典范，它的大脑听觉区域的组织很复杂，由耳发出的听神经也很粗大。海豚用720千赫的脉冲探测较远距离的目标，以避开岸边、暗礁和船只；探测近距离物体和觅食时则用短的脉冲组，频率为20 170千赫。当海豚朝向看不见的目标时，往往压低或抬高头部，这大概能帮助它用超声波"探索"物体，并且忽而用这只忽而用那只耳朵转向回声信号源，这样就能更有效地捕捉到它们。海豚声呐定位系统的这些优点，正是声呐的研制者们所要努力借鉴的。

人们利用鱼类发出和接受超声波的特性，创造了简单又有效的声学渔具——拟饵钩。把两片凸形金属或塑料薄板固定成比目鱼形状，中间安装了一个回形管，一端开口在前，另一端在后。当"比目鱼"在水中迅速运动时，通过回形管的水流产生超声波，便可诱来凶猛的鱼类。另一种由15片压成一叠的镍片套圈组成。这些金属薄片碰到鱼类发射的超声波时，能发出清晰的超声回声。鱼儿听到回声，便竞相游来，这样捕鱼效果便显著提高了。

夜蛾的启示

炎夏之夜，万籁俱寂，一场无声的"空战"正进行得十分激烈：号称"活雷达"的蝙蝠跟踪着夜蛾，步步进逼！啊，蝙蝠张开了嘴巴，夜蛾的性命危在旦夕……就在这千钧一发之时，夜蛾连翻几个筋斗，收起了翅膀，落到地上，它竟然溜之大吉了！

基本小知识

夜蛾

鳞翅目夜蛾科的通称，全世界约2万种。成虫口器发达，下唇须有钩形、镰形、椎形、三角形等多种形状，少数种类下唇须极长，可上弯达胸背。喙发达，静止时卷曲，只有少数种类退化。复眼呈半球形，少数呈肾形。触角有线形、锯齿形、栉形等。额光滑或有突起。

众所周知，蝙蝠有着精巧的超声波定位系统，因此捕食昆虫十分准确。有时，它在1分钟之内能捕食到19只蚊子，真令人拍案叫绝。但是，夜蛾为什么能够在蝙蝠的追踪下死里逃生呢？原来，夜蛾具有一套精妙的反声呐系统，这使它足以对抗蝙蝠的侵袭。在夜蛾的胸腹之间，有一个特殊的听觉器官，叫做鼓膜器，可以接收蝙蝠发出的超声波。当它截听到蝙蝠发出的超声波时，就可以及时逃避。要是鼓膜神经脉冲达到饱和频率，则说明蝙蝠已经逼近，情况万分危急。这时，它就翻跟斗、转圈

夜 蛾

子、曲折飞行……以逃避敌人的追袭。

夜蛾对抗蝙蝠的"法宝"还不止这一个。它的足关节上有个振动器，能发出一连串的超声波，干扰蝙蝠，使它摸不清夜蛾在南北还是在东西。有的夜蛾身上长着一层厚厚的绒毛，能吸收超声波，使蝙蝠收不到足够的回声，从而大大缩小了蝙蝠"声雷达"的作用。还有一种夜蛾，它能模仿味道很坏的蛾子发出的超声波，使蝙蝠提不起食欲来。

夜蛾的反探测系统如此精致奥妙，为武器设计者打开了新思路。生物界有不少奇妙的构造，正等待着我们去发现和学习呢！

导弹红外跟踪术

在美洲、大洋洲、非洲的某些地区，常会听到一种"嘎啦嘎啦"的声音，没有经验的人以为这是溪水发出来的流水声，可是在这声音的四周，却没有小溪。原来这不是什么流水声，而是一种毒性极强的蛇，尾巴剧烈地摇动而发出的响声。这就是大名鼎鼎的"响尾蛇"。

为什么它的尾巴会发出响声呢？

大家在观看篮球比赛时，注意到裁判吹的哨子了吧！它是一个铜壳子，里面装上一层隔膜。形成两个空泡，当人用力吹时，空泡受到空气的振动，就发出响声。响尾蛇尾巴也有类似的构造，不过它的外壳不是金属，而是坚硬的皮肤形成

响尾蛇

的角质轮。由这种角膜围成了一个空腔，空腔内又用角质膜隔成两个环状空泡，也就是两个空振器。当响尾蛇剧烈摇动自己的尾巴时，在空泡内形成了

一股气流,随着气流一进一出地返回振动,空泡就发出一阵阵声音。角质轮的生长不是很有规律的,但据动物学家认为,大致上是一年长两轮。因此,根据轮的多少,就可以比较正确地判断出它的年龄。响尾蛇的角质轮所发出的声音,很像溪流的水声,用这种响声来引诱口渴的小动物,所以这也是一种捕食的方法。但是也有人认为,响尾蛇不会对敌人发出怒吼的噪声,于是只好用角质轮发出的响声来代替。

另外,还有人认为这是蛇招呼蛇的信号。响尾蛇经常捕捉鼠类等小动物作为食物。奇怪的是,它的眼睛已经退化得快要成为瞎子了,怎么还能捉住行动那样敏捷的鼠类呢?科学家经过观察研究发现,响尾蛇的两只眼睛的前下方,都有一个凹下去的小窝,这是一种特殊的器官——探热器,能够接受动物身上发出来的热线——红外线。这种探热器反应非常灵敏,温度差别只有 0.001℃,它都能感觉到。所以,只要有小动物在旁边经过,响尾蛇就能立刻发觉,悄悄地爬过去,并且准确地判断出那个猎物的方向和距离,蹿过去把它咬住。

趣味点击　响尾蛇死后咬人的秘密

响尾蛇奇毒无比,被它咬后如不及时救治很难存活,岂不知死后的响尾蛇也一样危险。一项研究指出,响尾蛇即使在死后一小时内,仍可以弹起施袭。这是因为响尾蛇在咬噬动作方面有一种反射能力,这种反射能力不受脑部的影响。

国外有一种空对空导弹(由飞机在空中发射,攻击空中的目标),名叫"响尾蛇导弹"。为什么叫它"响尾蛇导弹"呢?因为它像响尾蛇一样,只要周围温度有一点变化,它就能分辨出来。

物理学告诉我们:任何物体,只要它没有冷到绝对零度(-273℃),总会辐射一种人眼看不见的红外线。红外线和可见光一样,也是电磁波的一种,只不过它的波长比可见光的还要长。可见光(白光)是由红、橙、黄、绿、青、蓝、紫7色组成的,紫光的波长最短,红光的波长最长。红外线的波长比红光还长,在电磁波谱上,它在红光之外,所以叫作红外线。

在漆黑的夜晚,没有了可见光,你就什么也看不见。可是,如果你使用红外线望远镜来观察,你眼前的景物就会如同白昼一样清晰。为什么呢?因为它不是靠可见光,而是靠物体辐射的红外线来看见物体。

响尾蛇导弹上装有探测红外线的装置。在空战中,由于敌方的喷气式飞机不断喷出灼热的气流,辐射着红外线,于是响尾蛇导弹就能向着红外线辐射源的方向,直到追上飞机把它击毁为止。

不过,要对付这种红外制导的导弹,也不是没有办法。有一种红外曳光弹就是专门对付这种导弹的。它辐射的红外线同喷气式飞机辐射的红外线差不多,导弹遇上它就会上当受骗,丢开飞机去追它,结果和它同归于尽,而飞机却安全无恙。

蜂眼与天文罗盘

蜜蜂的每只复眼由 6300 只小眼组成,每只小眼又有角膜、晶体、色素、视觉细胞等,因此可以形成独立景象,是一种"检偏振器"。蜜蜂可以根据天空的偏振光来确定太阳的位置,不会在阴雨天迷失方向,利用这个原理制成的偏振光天文罗盘,可帮助海员在雨天根据偏光确定航海坐标。

知识小链接

偏振光

光是一种电磁波,电磁波是横波。而振动方向和光波前进方向构成的平面叫做振动面,光的振动面只限于某一固定方向的,叫作平面偏振光或线偏振光。

蝙蝠与"探路仪"

船只、舰艇上装置的现代声呐（声雷达），可以搜索隐蔽在水中的目标，如潜艇、水雷、鱼群、冰山、暗礁以及浅滩，也可侦察到在水面上航行的舰船。在一定距离之内，两艘装有声呐的舰艇还可相互通信。声呐探测目标的作用距离为几千米，用来通信则可以达到更远的距离。声呐是人们经过长期苦心研究，在第一次世界大战期间发明的。可是，在自然界，有些动物也生有类似的声雷达，而且结构较人造的更简单、性能更好。其中，被研究最多的是蝙蝠的声雷达系统。

蝙蝠是昼伏夜出的动物。不论是在茫茫暮色之中，还是在伸手不见五指、漆黑一团的岩洞和古庙里，它都能穿梭般飞来飞去，从不会相碰或撞到什么东西上，而且捕食时有惊人的灵活性和准确性，1分钟内竟能捕到十几只蚊子，简直可以做到"无一漏网"。这是因为蝙蝠有一双特别敏锐的夜视眼吗？不是。即使

蝙 蝠

将它的双眼完全封住或弄瞎，蝙蝠仍能自由自在地飞翔。经过长时间的研究，人们终于弄清楚，蝙蝠的视力是很差的，它之所以有接近于"明察秋毫"的本领，正是因为它生有一套天然声呐系统。

蝙蝠的喉咙可以发出很强的超声波，通过嘴和鼻孔向外发射出去，共同构成蝙蝠声呐的"发射机"。它的接收机就是耳朵。根据耳朵接收到的反射回声，蝙蝠能够判明物体的距离和大小，是食物还是敌人或者是障碍物。人们

把这种根据回声来探测物体的方式，称为"回声定位"。

蝙蝠的耳朵很大，内耳也特别发达，能够接收频率很高，但密度很低的超声波回声。令人吃惊的是，蝙蝠竟能在1秒钟内发出250组超声脉冲，同时也能准确地接收和分辨同一数目的回声。蝙蝠声呐的分辨本领很高，它能分辨用0.1毫米粗的线织成的网，并能根据网洞大小而收缩两翼敏捷飞过。它能把从昆虫身上反射的超声信号与地表、树木等反射的信号区分开。

蝙蝠的声呐可以同时探测几个目标，抗干扰能力也特别强。即使人为地去干扰它，哪怕干扰噪声比它发出的超声波强一二百倍，蝙蝠声呐仍能有效地工作。成千上万只蝙蝠同住一个岩洞，它们都使用声呐，但却互不干扰。人造声呐却很难排除声波折射和水下反响现象的干扰，甚至当信（号）噪（声）比仅为1∶1时，就已经不起作用了。

蝙蝠声呐还具有结构紧凑、体积小巧的特点。它最多不过几克重，体积几分之一立方厘米。而现代声呐和无线电波定位器却有几百、甚至几千千克重，体积也往往大至几百立方分米。人们模仿蝙蝠的定位系统，制成了盲人用的"探路仪"和"超声眼镜"。这两种仪器可以发射超声波、接收回声信号并将其转变为人耳能听到的声音。经过一定训练，盲人凭"听"声音就能知道路面情况，避开障碍物了。

海豚与水下回声探测器

海豚不仅以游泳速度快著称，而且不管白天还是黑夜，水质清澈浑浊，都能准确地捕到鱼，这是因为海豚具有超声波探测和导航的本领。无线电波在水中会被吸收，故无线电探测装置在水下无用武之地，相反超声波却能在水下远距离传播，且传播速度是空气中传播速度的4.5倍，因此水下超声波探测装置的效能极高。

海豚没有声带,其声音源自它头部的瓣膜和气囊系统,海豚把空气吸入气囊系统,连接它们的瓣膜,空气流过瓣膜的边缘发生振动,便会发出声波。海豚头的前部还有"脂肪瘤",它紧靠瓣膜和气囊的前面,起着"声透镜"的作用,能把回声定位脉冲束聚焦后再定向发射出去,因此海豚的定位探测能力极强。它能分辨3千米以外鱼的性质,能侦察到15米外浑水中2.5厘米长的小鱼。

现在模拟的海豚回声探测器已用于海洋舰船的航行,帮助轮船绕过浅滩和暗礁,探测海底深度,搜索潜艇,寻找打捞沉船,导航和探测鱼群等。潜水员随身携带的轻便回声探测器也已经诞生,利用耳朵就能探测水下的目标,就好像长了"第六种感觉器官"一样。

竖起的耳朵及天线

一些动物,例如牛、鹿、马、长颈鹿等都有较大的耳朵,耳的直径越大,接收信号的能力就越显著;耳朵在长度上增加时,"竖起耳朵听"就能探测一个水平的扇形区域,听到可疑的声音,再把耳朵变换一个位置,又探测一个垂直的扇形区域,这样,就为准确确定声源创造了条件。

鹿

根据这个原理,把无线电定位器的天线加长,一根天线水平安装,另一根垂直,结果提高了探测目标的准确度。

人类的仿生技术

信息与控制仿生

RENLEI DE
FANGSHENG JISHU

信息与控制仿生是研究与模拟感觉器官、神经元、神经网络,以及高级中枢的智能活动等方面生物体中的信息处理过程。例如人们研究和模拟苍蝇的感觉器官制成了小巧而灵敏的气体分析仪,如今这种仪器已经被应用到宇宙飞船的座舱中,用来检测气体,也被应用于分析气体的电子计算机上,对气体进行精密的分析。

动物味觉的启示

如果你感冒，鼻子不通，吃起东西来就不会觉得有滋味。舌苔很厚，饮食也不会觉得有味。高明的厨师烹调一定讲究色、香、味俱全。通过视觉、嗅觉和味觉的综合作用促使胃口大开，远比单一感觉的效果要好。事实上味觉和嗅觉是如此的相似，以致一些低等动物对化学物质的难分清嗅与味。嗅觉和味觉都是化学性感觉，都是化学分子与感觉

拓展阅读

味蕾的"尝味"能力

味蕾对各种味的敏感程度不同。人分辨苦味的本领最高，其次为酸味，再次为咸味，而甜味则是最差的，具体是人的味蕾能觉察到稀释200倍的甜味、400倍的咸味、7.5万倍的酸味和200万倍的苦味。

器官相接触产生电信号，传给大脑形成感觉。所不同的是你可以离李子较远而闻到李子的香味，但是，你要知道李子的味道就非得亲口去尝一尝不可。

人和哺乳动物的味觉感受器主要分布在舌背面的味蕾。舌的背面有许多细小的突起，叫乳突。它可分为3种：轮廓乳突，分布在舌根部，约有8~12个，排列成倒"八"字形；菌状乳头，分布在舌尖和舌的边缘，这两种乳突里面，味蕾很多，丝状乳突没有味蕾；此外，还有一种叶状乳突，普通哺乳动物都有，但人类则已退化，这种乳突也含味蕾。乳突中散布有神经纤维。味蕾在口腔黏膜的其他部位也有分布。味蕾呈球状，由2~12个纺锤状的味细胞和支柱细胞构成，味细胞上有刚毛突出在味蕾上方的味孔处。味觉有探测溶解在水中的物质的能力。一种特定的食物味道取决于它对几种味蕾的联合效应。人有4种基本味觉，即酸、甜、苦、咸，加上辣合称"五味"。

一般舌尖主要感觉甜味，舌的边缘感觉酸味，舌根主要感觉苦味，咸味

则整条舌都能感觉。人舌不但能尝出何种味道，还能尝出这种味的浓淡，一直到现在，国际上名酒等饮食评比，都还是以人的品尝为主。人的味蕾约有10 000多个。动物中兔子约有17 000个，牛有25 000个左右，鸟舌中味蕾较少，一般只有20～60个。但是鸽子能尝出一粒谷中富含蛋白质的部分和富含淀粉的部分。并不是所有的动物都有舌，也不是所有的味感觉器都分布在口中。原生动物和海绵用整个身体去尝味。

苍蝇的口器上有一片海绵状小板，叫唇瓣，苍蝇用它不断地到处伸探。科学家把唇瓣上的一根细毛放入糖液中，并使它接上微电极，可立即在电流计中看到反应，说明苍蝇感到味道，正在作出反应。苍蝇的前足上也有感觉毛，它们也可用足来品尝食物，苍蝇前足对糖的敏感度比口器强5倍。蝴蝶的足上也有味感觉毛。有些鱼的触须具有味觉。圆头鲶能觉察到头前较远处向己游来的猎物，如果破坏它的嗅神经，它仍然保持这种能力。

但是，如果破坏它的味神经，这种能力立即消失。淡水鱼的味蕾多数分布在鳃腔内，当水流经鳃腔，同时也经过味蕾，产生味觉。有些鱼数千个味蕾散布于全身，以此探测整个水域。鲇鱼几乎盲目，它靠味觉来获取食物，而靠嗅觉来维持其群体生活。

在蜥蜴和一些蛇的鼻腔下面，具有1对由口腔背壁向腭部内凹的弯曲小管，叫锄鼻器或贾科勃森氏器。管内有许多与鼻腔中的细胞相似的感觉细胞，并且通过嗅神经的大量分支与脑联系，并有眼腺分泌物润滑，就像唾液腺分泌湿润口腔一样。由于毒蛇的唾液腺已演化成毒腺，因此，眼腺可能替代唾液腺分泌，起湿润毒蛇口腔的作用。只要空气中所含的少量化学分子通过锄鼻器，就能分辨这些分子是什么物质，可见它有辅助嗅觉的作用。但是，锄鼻器的末端是一盲端，没有导向体外的开孔，只有开口于口腔的孔，蛇不断地用它那分叉的舌头伸出口外，探测空气中的气味，当舌摄取到空气中的化学分子后，便迅速将舌回缩入口，到锄鼻器中，产生味觉。

刚出生的小蛇虽然从未吃过任何东西，但是，对浸在水中小动物的皮肤，也会吐出舌头，作出进攻的反应。因此，很难分清锄鼻器究竟是嗅觉器官抑或是味觉器官，这也说明很多动物的嗅觉和味觉往往是混杂在一起的，因为，它们都靠化学分析的方法起作用。

鲨鱼对血腥特别敏感，海水中只要有一些新鲜血液，就会引来鲨鱼，这究竟是由于血腥的气味，还是血腥的味道在起作用，确实不易说清，不过有一点是可以肯定的，就是嗅觉和味觉综合作用要比单独作用的效能要大得多。

人们研究动物的味觉器官和嗅觉器官对研制理想的气体分析仪器是有益的。人们研究和模拟苍蝇的这些感觉器官而制成小巧而灵敏的气体分析仪，已被应用于宇宙飞船的座舱中，用来监测气体，也被应用于分析气体的电子计算机上，对气体进行精密的分析，还被用来监测潜水艇和矿井等逸出的气体，以便及时发出警报。

动物"热感受器"的启示

趣味点击

蚊虫叮人"挑肥拣瘦"

蚊子吸人血，还会"挑肥拣瘦"，专门寻找合乎"口味"的对象。蚊子在熟睡的人们的枕边"嗡嗡"盘旋时，首先叮咬体温较高、爱出汗的人。因为体温高、爱出汗的人身上分泌出的气味中含有较多的氨基酸、乳酸和氨类化合物，这类化合物很受蚊子的"青睐"。

夏天的夜晚，甲乙两人同睡在一间房内，灯刚关掉，讨厌的蚊虫就嗡嗡地在人耳边侵扰，一只蚊虫刚停落在甲的脸颊上，甲觉得被叮了一下，立即用手打去，将蚊虫打死。甲高兴地喊道："哈！我打死了一只雌蚊子。"乙听罢，不能理解，认为房间内是黑暗的，伸手不见五指，又怎能看清蚊虫的雌雄？甲说打死一只雌蚊虫，纯粹是胡乱瞎猜，便嘲笑甲道："老兄的眼睛真行，竟然能在黑暗中看清蚊虫的雌雄！"事实上，甲打死的确实是只雌蚊虫，不过甲不是用眼去看清，而是用他掌握的知识去作出正确的判断，因为只有雌蚊虫才吸血，而雄蚊虫只是吸吮植物的汁液。

在黑暗中甲是看不见蚊虫的，他能发觉蚊虫，首先是因为蚊虫发出的嗡嗡声，然后是脸上被蚊虫叮咬的感觉。蚊虫在黑暗中同样也看不见甲，然而蚊虫又是怎样发觉甲的呢？不是甲发出的声音，也不是甲的气味，更不是蚊虫瞎碰乱撞，而是蚊虫对甲身上发出的热的感应。

人和所有温血动物一样，体温都是相对恒定的。也就是说机体所产生的热和散发的热基本相等，由于温血动物产热率相对稳定，因此有皮肤、汗腺和肺等散热调节与产热恒定相适应，从而使体温保持在相对恒定的、稍高于环境温度的水平，这是由于机体在冷环境温度下散热容易，在低于环境温度下生活，会引起"过热"而致死。人体散热主要是皮肤辐射热和汗腺蒸发热，其次是肺通过呼吸散发部分热。

温血动物的辐射热其实是一种红外线，亦称红外光，在电磁波谱中，波长介于红光和微波间的电磁辐射，它是一种肉眼看不见的光，但是有显著的热效应，人们用特殊的灯照射物体，用滤镜挡住所有肉眼可见的光，只让红外线透出，通过红外线望远镜，如军用窥探望远镜和瞄准望远镜等才可看见。

但是，在自然界，有不少动物具有能接收红外线信息的结构。雌蚊虫的红外线探测器是它的触角，呈环毛状。雌蚊虫觅食时，不断地转动一对触角，当两条触角接收到的辐射热相同时，就知道可被吮血的温血动物就在正前方，雌蚊虫就朝目标飞去。根据离热源愈近，所接收到的辐射热愈多的原理，就能准确地测知辐射热源的方位。

蛇类中有一些蛇，如产于美洲、尾端有角质环、摆动时能发出响声的响尾蛇，广布于我国的蝮蛇，吻鼻部向上翘起的五步蛇，美丽的竹叶青蛇和头似烙铁的烙铁头蛇等，在眼睛与鼻孔之间有一凹窝叫颊窝，就具有极灵敏的

人类的仿生技术　信息与控制仿生

红外线感受功能。将一条蒙住双眼的响尾蛇放在两只灯泡的下面,灯泡不亮时,响尾蛇毫无反应,显得很安静,当开亮其中一只灯泡时,响尾蛇立即昂首张口朝着它,显得异常兴奋,而对那只不亮的灯泡不予理睬。将颊窝神经暴露出来,插上微电极,将蛇的颊窝神经细胞的电变化引导出来,显示在示波器上,然后给颊窝加以化学、声音和机械等多种刺激,在示波器上没有显示出脉冲变化。但是,当用手或热的物体去靠近它时,示波器上立即显示出强烈的脉冲变化,表明它处于兴奋状态。颊窝能感受到 0.001℃ 的温度升高,并在 35 毫秒内做出反应,而且具有极强的抗干扰能力和分辨能力,并能在环境温度下起作用。颊窝被一层薄膜分隔成内外两个小腔。内腔以小孔开口于皮肤,使内腔与环境的温度一致,并可调节内外腔间的压力。颊窝上密布有三叉神经末梢质体,为红外感受单位,包含有许多线粒体。颊窝膜表面每平方毫米约有 1000 个红外感受单位。外腔方向指向前方,当热量到达颊窝时,窝内的空气膨胀,颊窝膜两侧温度就不同,神经末梢便兴奋,刺激神经细胞,产生脉冲传给脑中枢,信息加工后,脑中枢便发出攻击猎物的命令。在电子显微镜下,可以见到神经末梢受刺激后,线粒体的形态发生改变,线粒体可能构成初级红外感受器。

目前对颊窝的灵敏度已能测检,但对其机制还不完全了解,有颊窝的蛇靠它的颊窝感觉在黑夜中猎食,颊窝接受来自前方的辐射热,左右两个颊窝的感觉场是重叠的,并且有一定的感觉距离。蟒蛇的红外感受器在头的正面和唇边,叫唇窝。深海乌贼的红外感受器在尾部的下表面,叫热视眼。此外,鸡虱、臭虫、蚂蚁等动物都有感受红外辐射的

拓展阅读

动物可以感受紫外线

人类不能感受紫外线,但不少动物却能感受到。昆虫对紫外线很敏感。蜜蜂喜欢红花,并非受花的红色所吸引,而是被红花所反射的紫外线所吸引,它们能接收、感受到紫外线。蚂蚁、蝇类也能感受紫外线。

能力。

人们已经制造出灵敏的温度计和红外探测装置等。例如响尾蛇导弹,是一种空对空导弹,就是将红外探测器配备在歼击机的弹头上,它可以追踪敌机发动机散发热和喷出的废气时所发出的红外线而准确地击中敌机。以红外、电子等技术为依据的公共安全技术产品是目前世界上发展最快的新兴产业之一。

中国科学院上海技术物理研究所已研制出红外入侵探测器系列产品。可安装在室内、户外或屋顶、门窗、走廊等处,它们具有24个感应现场,相当于24只眼睛全方位探测,可起监视防盗作用。但是,人类目前制造成功的测温仪器,从普通的人体温度计到复杂的红外探测仪,同已知的一些动物对温度变化的感觉相比,无论从灵敏度还是感热器官的结构的轻巧上都显得不足。你不会不知道一支普通的医疗体温计有多大,也不会不知道一只叮人的蚊虫有多大,可以想象得出长在蚊虫头上的触角又是多么细小。

两者一比较,就不难看出雌蚊虫的热感应器是多么精致,而仪器小型化正是宇宙航天科学研究所追求的。按现代的科学水平,人类还制造不出像雌蚊虫热感器那样大小的测温仪。

动物"生物钟"的启示

在印度班加罗尔城,有一只猴子和一只狗经常按时定点在一起相会。每天上午9时30分,猴子就先来到路旁的树荫下等着;接着,一只狗也摇着尾巴跑来。于是,猴子就骑上狗背,一起上街游逛。这一对奇怪的伙伴,吸引着人们跟着围观。说来有趣,它们天天聚会,老时间、老地方,从不失约,也不迟到,好像它们都懂得看钟表似的。

这件有趣而古怪的事情是怎么一回事呢?科学家认为,这一对伙伴的协调行为,是由于它们身上有一种"生物钟"在指导着各自的行动。"生物钟"

长在哪儿？科学家经过多次实验，在蟑螂的咽下找到一种神经节。它的侧面和腹面有一群神经分泌细胞，分泌激素，指示蟑螂的活动和休息。哺乳动物的生物钟结构就更复杂了。科学家认为，在延髓和下丘脑里的神经细胞是"钟"的主体，而身体其他部分的组织细胞中，也有独立运转的"子钟"，它们同时在摆动和变化中。

人们在探索生物钟的秘密时，发现各种生物的习性和生活功能，都受着自然节律的支配。大西洋的沙蚕，每年常常群集在百慕大附近海面，时间都是在满月后3天，日落后54分，不早也不迟。招潮蟹能根据阳光来改变颜色，又能按照月亮升落，随潮汐涨退来支配觅食或休息的时间。最近的研究还表明，"生物钟"与光线固然有重要关联，同黑夜却有

你知道吗

鸟钟、虫钟

在南美洲的危地马拉有一种第纳鸟，它每过30分钟就会唧唧喳喳地叫上一阵子，而且误差只有15秒，因此那里的居民就用它们的叫声来推算时间，称为"鸟钟"；在非洲的密林里有一种报时虫，它每过一小时就变换一种颜色，在那里生活的家家户户就把这种小虫捉回家，看它变色以推算时间，称为"虫钟"。

着更紧密的联系。生物在长期的生活过程中，生理上不断调节，逐渐形成了昼夜和季节性的节律。猴子和狗的准时约会，就是它们身上的"生物钟"相适应的结果。

在实验中，人们还发现，用人造的昼夜来改变"生物钟"的摆，会产生意想不到的效果。人工缩短黑夜时间，能使母鸡多产蛋30%~40%，鹅鸭产蛋量多2~3倍；使牛羊发情期延长，交配的次数和繁殖的数量增多，牛奶的产量也提高了。而人工缩短白天时间，能使鸡长肥，猪长膘，使羊和狼、狐等长毛快。

科学家正在试图利用"生物钟"的作用来控制有害昆虫的生存。如调拨蚊子的生物钟，使它们在缺乏食物和温度不适宜的季节里成熟，从而不能生存。用杀虫剂喷洒苍蝇，下午喷洒，死亡率最高，这正是它们一天最活跃的时候。

蝇眼的启示

人的眼睛是球形的,苍蝇的眼睛却是半球形的。蝇眼不能像人眼那样转动,苍蝇看东西,要靠脖子和身子灵活转动,才能把眼睛朝向物体。苍蝇的眼睛没有眼窝,没有眼皮,也没有眼球,眼睛外层的角膜是直接与头部的表面连在一起的。

从外面看上去,蝇眼表面(角膜)是光滑平整的,如果把它放在显微镜下,人们就会发现蝇眼是由许多个小六角形的结构拼成的。每个小六角形都是一只小眼睛,科学家把它们叫作小眼。在一只蝇眼里,有3000多只小眼,一双蝇眼就有6000多只小眼。这种由许多小眼构成的眼睛,叫作复眼。

蝇　眼

蝇眼中的每只小眼都自成体系,都有由角膜和晶锥组成的成像系统,有由对光敏感的视觉细胞构成的视网膜,还有通向脑的视神经。因此,每只小眼都单独看东西。科学家曾做过实验:把蝇眼的角膜剥离下来做照相镜头,放在显微镜下照相,一下子就可以照出几百个相同的像。

世界上,长有复眼的动物可多了,差不多有四分之一的动物是用复眼看东西的。像常见的蜻蜓、蜜蜂、萤火虫、金龟子、蚊子、蛾子等昆虫,以及虾、蟹等甲壳动物都长着复眼。

科学家对蝇眼产生兴趣,还由于蝇眼有许多令人惊异的功能。如果人的头部不动,眼睛能看到的范围不会超过180°,身体背后有东西看不到。可是,苍蝇的眼睛能看到350°，差不多可以看一圈，只差后脑勺边很窄的一小条看不见。

人眼只能看到可见光，而蝇眼却能看到人眼看不见的紫外光。要看快速运动的物体，人眼就更比不上蝇眼了。一般说来，人眼要用0.05秒才能看清楚物体的轮廓，而蝇眼只要0.01秒就行了。

蝇眼还是一个天然测速仪，能随时测出自己的飞行速度，因此能够在快速飞行中追踪目标。根据这种原理，人们研制出了一种测量飞机相对于地面的速度的电子仪器，叫作"飞机地速指示器"，已在飞机上试用。这种仪器的构造，简单说来就是：在机身上安装两个互成一定角度的光电接收器（或在机头、机尾各装一个光电接收器），依次接收地面上同一点的光信号。根据两个接收器收到信号的时间差，并测量当时的飞行高度，经过电子计算机的计算，即可在仪表上指示出飞机相对于地面的飞行速度了。眼睛所看到的，是通过光传导的信息。不过眼睛并没有把它看到的全部信息都上报给大脑，而是经过挑选把少量最重要的信息传给大脑。蝇眼这种接收及处理信息的能力，比人们制造出来的任何自动控制机都要高明。

现在研究人员还模仿苍蝇的联立型复眼光学系统的结构与功能特点，用许多块具有特定性质的小透镜，将它们有规则地紧密排列粘合起来，制成了"复眼透镜"，也叫"蝇眼透镜"。用它做镜头可以制成"复眼照相机"，一次就能照出千百张相同的像来，用这种照相机可以进行邮票印刷的制版工作。如果一块版上印25张邮票，一次拍照就可以制成一块版，而不必像用普通照相机那样，要一张张地拍照25次。如果用在邮票套色印刷中，那就更方便了，可以减少近百次的拍照。复眼照相机还可用来大量复制集成电路的模板，工效与质量将大大提高。

跟踪技术顾问——蛙眼

青蛙的眼睛有个突出的特点，就是它能极其灵敏地看出飞动着的食物

（虫子）和天敌（捕食青蛙的猛禽）。

人们据此对蛙眼进行了电子模拟，首先制造了粗糙的"昆虫检测器"模型。这个模型应用了7个光电管和1个模仿生物神经元的人造神经元。其中外围6个光电管的信号为人造神经元的兴奋输入，而中央光电管的信号为抑制输入，它使所有光电管均匀照亮时人造神经元的输出为零。如果运动着的物体产生的阴影遮住了外围光电管中的一个，输出信号为负；如果物体遮住中央元件，则输出信号为正。这样的装置可用在保证对准中心的线路中。在这种情况下，只有当中心对准——遮住中央那个光管时，输出才达到最大值。

根据在青蛙视网膜上发现的4种图像特征抽取过程，人们还设计了模拟青蛙视觉系统许多定性和定量性质的蛙眼电子模型。这一模型对定向研制监视、侦察和车辆引导装置前进极有意义。例如，我们知道，雷达监测员必须跟踪雷达屏上光点的位置和运动，并预报哪架飞机首先到达某个"临界位置"和出现在机场的着陆区。这样的电子蛙眼用在机场上，能监视起飞和降落的飞机，发现飞机将要发生碰撞时能及时发出警报。在这个模型的基础上，人们又研制成功了一种人造卫星和自反差跟踪系统。这真是：青蛙眼跟踪空中的飞蝇，电子蛙眼跟踪天上的卫星。

眼睛为什么会有这种功能呢？要解答这个问题，就得先从眼睛的构造和功能谈起。单就成像而言，眼睛很像一架照相机：从外界景物来的光线，通

拓展阅读

蛙眼视网膜的神经细胞

蛙眼视网膜的神经细胞分成五类，一类只对颜色起反应，另外四类只对运动目标的某个特征起反应，并能把分解出的特征信号输送到大脑视觉中枢——视顶盖。视顶盖上有四层神经细胞，第一层对运动目标的反差起反应；第二层能把目标的凸边抽取出来；第三层只看见目标的四周边缘；第四层则只管目标暗前缘的明暗变化。这四层特征就好像在四张透明纸上的画图，叠在一起，就是一个完整的图像。

过类似镜头的晶状体成像，投射到相当于照相胶片的视网膜上。从整个视觉过程来看，眼睛又像一台机能完善、结构精巧的计算机。照相机只能把外界景物的影像映在胶片上，并使其感光；而眼睛视网膜中的感觉细胞，则要对影像进行一番严格的分析鉴别，提取其中有用的一部分信息，并将其转换成神经脉冲信号，由视神经上报给大脑，经过大脑的分析与综合后识别出景物的形象、色彩和运动的状况。所以说，眼睛是视觉信息的加工系统。它的作用很像信息处理机。

蛙眼视网膜共有 5 类作用不同的感觉细胞，它们能够分别提取影像的不同特征。这就使得蛙眼视觉敏锐，能准确地发现具有特定形状的运动目标，迅速确定目标的位置、运动方向与速度。科学工作者根据蛙眼的视觉原理，借助于电子技术，制成了多种不同用途的信息加工系统，并且把它们形象地称作"电子蛙眼"。这些"电子蛙眼"，或者本身已经是一台专用电子仪器，或者是某种电子仪器的一个部件，它们是用电子线路去模拟蛙眼视觉原理的。

鸽子的监视技术

鸽子有一双神目，能在人眼不及的远处发现飞翔的老鹰。原来它的视网膜有 6 种神经节细胞（检测器），远处图形的某些特征会在眼中产生特殊的反应。根据鸽眼视网膜的结构及其功能制成的电子鸽眼模型，是模仿它视网膜中的视锥细胞、双极细胞和神经节细胞等制成的。

鸽眼的电子模型有助于图像辨认方面的研究。利用鸽眼发现定向运动的性质，可以装备一种警戒雷达，布置在国境线上或机场边缘，它只"监视"飞进来的飞机或导弹，而对飞出去的却"视而不见"。此外，电子鸽眼还可应用于电子计算机系统，使计算机自动消除掉与解题无关的所有数据。

知识小链接

神经节

神经节是功能相同的神经元细胞体在中枢以外的周围部位集合而成的结节状构造。神经节表面包有一层结缔组织膜，其中含血管、神经和脂肪细胞。按生理和形态的不同，神经节可分为脑脊神经节（感觉性神经节）和植物性神经节两类。在神经节内，节前神经元的轴突与节后神经元组成突触。神经节通过神经纤维与脑、脊髓相联系。

来源于大海的检测蜂鸣器

海豚对自身带电的鱼，采用两种方法猎取它们作为食物。其一，使鱼麻木，可以很容易地捕捉到它。其二，因为在鱼的附近电率不同，发出的弱脉冲，会使电场紊乱，这样就可以轻易地捕捉到。海豚的第二种行为展示了一种崭新的雷达方式。运用这种方式制造了机场监视器，当旅客通过机场的大门时，如果有谁携带铁镍等制品，那么海关人员使用的蜂鸣器就会立即发出响声，向检查人员报告。这种监视器的原理是利用电磁波检测出电场的紊乱。还可以在机场安装一种磁门。这种磁门可以检测每一个旅客的兜里装着什么东西。超声波的图像技术，最近得到了迅速的发展。

但是，同时改变振动超声波频率的这种调频技术，目前还不发达，研究得还不够。即使是把固定振动频率发射出去，由接收方面处理这种较简单的技术以及从电场紊乱中制作图像的技术也尚未进行研究。

人类的仿生技术　　信息与控制仿生

水母耳的由来

生活在沿海的渔民都知道，如果海鸥和其他鸟类一早就飞出去，深入海洋，则预示傍晚没有强风；若鸟类在弱风中徘徊岸边，或飞离海洋不远，便是风力即将加强的预兆；当鸟类大群地从海上飞回海岸，生活在近岸水域里的小虾纷纷靠岸，鱼和水母成批地游向大海，则预示风暴的来临……

水　母

海洋漂浮生物水母的听觉器官，能够听到低于 20 赫的声波。海上发生风暴的时候，由空气和波浪摩擦产生的次声比风暴和波浪传播得快。水母平时喜欢漂浮在海岸边，当它听到风暴的次声，便立即游向大海，以免被风暴掀起的海边巨浪吞没。

人们根据水母的听觉器官设计了"水母耳"仪器，相当精确地模拟了水母感受次声波的器官。这种仪器由喇叭、接收次声波的共振器和把这种振动转变为电脉冲的电压变换器以及指示器组成。把这套设备安装在舰船前甲板上，喇叭做 360°旋转。当它接受到 813 赫的次声波时，旋转自行停止——喇叭所指示的方向，就是风暴来临的方向，指示器则指示风暴的强度。这种仪器可提前 15 小时作出预报。

广角鱼眼

鱼类眼睛的视角相当大，一般达 160°~170°，甚至更大些。根据鱼眼成像的原理，研制出一种视角达 180°的超广角镜，又叫"鱼眼镜头"。

近年来又研制出视角达 270°的鱼眼镜头，它能够使整个空间的影像投射到小小的一块底片上。随着科学的发展，动物眼睛奥秘正在被一个个揭开，可以预言，其研究成果在生产、科学技术和国防等方面的应用，也将越来越广泛。

狗与"电子警犬"

狗的嗅觉十分灵敏，根据气味，狗几乎可以找到任何要找的东西。经过训练的警犬更加给人以启示。模拟警犬的嗅觉，人们制成了一种电子仪器——"电子警犬"，已经在化工厂用做检测过氯乙烯毒气，测定浓度达到千万分之一。

该仪器的工作原理，是基于不同物质对紫外线的选择性吸收：当气味物质从紫外灯与检测器之间通过时，一部分紫外线被吸收，这样便可确定物质的性质和浓度。这种"电子警犬"可以检测染料、漆、酸、氨、苯、瓦斯以及新鲜的苹果和香蕉的气味，其灵敏度已经达到狗鼻子的水平。另一种在某些方面比狗鼻子灵敏 1000 倍的"电子警犬"，也已被用于侦缉工作。

人类的仿生技术　信息与控制仿生　RENLEI DE FANGSHENG JISHU

苍蝇与气体分析仪

苍蝇有惊人的嗅觉，它的非常灵敏的嗅觉感受器分布在触角上。这种感受器能把气味物质的刺激立即转变成神经电脉冲。模仿苍蝇嗅觉器官制成的灵敏度很高的小型气体分析仪，已被用于分析宇宙飞船座舱里的气体。

视觉程序与人造眼

眼、耳、鼻、舌、皮肤，是人和动物的视觉、听觉、嗅觉、味觉和触觉器官。这些感觉器官结构的精美、功能的奇妙，给了工程技术人员许多有益的启示。眼睛是最重要的、最完善的感觉器官。人眼可以确定景物的距离、形状、大小和颜色，还可以通过对比观察到的周围景物，得知自身运动情况和位置状态。

生理学和心理学工作者大致查明了眼睛和视觉中枢是怎样感受和估量这些参量的。而数学工作者和工程技术人员则把这些研究成果"翻译"成数学语言，进而创造了"人造眼"，安装在自动车上的人造眼，能判明障碍，并改变小车的行进方向以避免碰撞。

这一装置的进一步完善，可安装在飞往月球和其他行星的无人驾驶宇宙飞船上。当这艘飞船抵达目的地时，这种电子眼可以自己选择最适宜的着陆地点。如果把它安装在自动行驶的探险车上，可在人类从未到过的地方长途巡行。

看得见热线的眼睛

深水乌贼除有普通眼外,还有所谓"热视眼"。这些眼分布在尾部的整个下表面,是一些不大的暗斑。在显微镜下可以看到,它的构造和普通眼一样,但有滤光片能吸收除红外线以外的所有辐射的功能。滤光片位于折射透镜——晶状体的前面,后者把热线投射到对它敏感的器官上,感受器官吸收的红外线能导致热敏分子改组,并进而引起视觉神经发放脉冲。这些携带确定信息的脉冲在脑子里引起被观察对象的形象。现代技术上应用热测定仪器,只能指出热物体的方向。如果要看清物体的轮廓,必须配合"猫眼"型的光电变换器,把我们看不见的红外线图像转变成电子图像,然后再转变成可见的光学图像。为防止可见光进入仪器,前面还得加上专门的滤光器。这是多么复杂的三级技术!而深水乌贼则能直接感受红外光。显然,在它的热视眼视网膜里进行着我们尚未认识的光化学过程。

睡眠机

仿生学工作者研究了生物电流之后,从中得到许多启发,在实际应用中已经得到了神奇的效果。大家都知道:人的一生有三分之一的时间是在睡眠中度过的,睡眠的好坏影响到第二天的工作、学习和情绪。患有神经官能症或其他神经性疾病的人,常常因无法迅速入睡而苦恼。有些人甚至服用安眠药物也未见显著效果,反而引起一系列副作用。

有些婴儿也常常因为睡眠不好,在夜间惊醒,久哭不睡,影响健康,同时也影响大人的休息。有经验的母亲,在促使婴孩入睡时,常常发出低沉的哼哼声,像一支催眠曲,很快使婴孩入睡。这是什么道理呢?原来温柔亲切的催眠曲或者火车车轮有节奏的撞击声以及其他许多单调重复的声音,传入人耳朵后，在听神经处产生了一种生物电，通过听神经很弱的生物电流传到大脑而引起人睡眠的渴望。科学家把这种能促进睡眠的电波描记下来，并仿照它制成一种"电睡眠机"。只要将电睡眠机的电极连接在患者的头部，便可以使他在较长时间内酣睡不醒。

电控假手

生物电还可以进行遥控。生物的一举一动，都是生物电在起作用。例如人脑发给肌肉电信号，肌肉才能动作起来。试验证明，信号到达手臂肌肉表面后，要迟滞50~80毫秒，手才实际运动。当飞机驾驶员在高速歼击机上发射导弹时，要求迅速抓住战机，反应越快越好。但是人体肌肉有迟滞性，反应常常不及时，于是人们就研制由生物电控制的假手、假脚以及假人来发射导弹。

知识小链接

歼击机

歼击机又称战斗机，第二次世界大战前曾被广泛称为驱逐机，是指用于在空中消灭敌机和其他飞航式空袭兵器的军用飞机。其特点是速度大，上升快，升限高，机动性好。

再者，航天飞机在超重时，宇航员行动困难，无法紧急操纵，因此人们设计一种肌电极给予电信号，然后放大处理再发给伺服控制器去调节开关，既快又稳。这样，通过生物电遥控，将来人们只要用脑子就可以操纵飞机、宇宙飞船、潜水艇以及做其他各种工作。

夜视仪与动物的夜视

虽然动物的运动速度——跑、游水或飞翔能力——使它可以逃避敌害或搜寻食物，但是毫无疑问，大多数动物的活动主要还是靠听觉、视觉和嗅觉等警戒感觉器官，尤其是夜间出来活动的动物，它们充分地使用这些器官。所以，当我们在不同的动物身上检查这些感觉器官时，就能得到一幅关于它们生活方式的清楚的图画。

在最暗淡的光线下，眼睛用来辨别动作、形状、距离和位置；当光线较亮时，眼睛还可辨别阴影、颜色和亮度。借助于记忆，所有这一切能使动物决定自己是在什么地方，判断它看见的危险是迫在眉睫，还是离得较远。如果视觉有障碍，其他的感觉器官就开动起来。听觉和嗅觉也能检测危险，有时甚至可以判断距离，但是这些感觉器官常受到风、声音和其他因素的干扰。因此，对动物来说，夜视是关系到存亡的一个极为重要的因素。

◎ 灵敏的眼睛

眼睛是一个非常精密而又复杂的器官，它好像电视照相机，能把接受的光沿着神经传递到脑，恰如一个影像能沿着电视照相机的线路被输送到与之相应的发射机和接收机。但在显微镜下观察，这个装置非常复杂，目前我们对神经系统的整个线路还不十分清楚，但肯定比人们所设计的任何电子系统都要复杂。

在显微镜下，我们可以看到眼的视网膜上有两类感光细胞，每一类都具有各自细微的神经末梢。在 1 平方毫米的视网膜上，聚集着几千个这种感光细胞，这就是前面提到过的视杆和视锥。多数动物的视网膜上有大量的视杆细胞，它对光极为敏感，即使在弱光（甚至接近于黑暗）的情况下仍有感光作用。夜出活动的动物，视杆的这种高度灵敏性是由其他的特殊装置放大和协助所致。例如，晶状体能过滤紫外线和短波辐射，因此，可以保护灵敏的感光细胞。但是，红外线能通过晶状体和玻璃体进入眼中，强烈的阳光就足以破坏一部分视网膜，所以人或多数动物都不愿直接注视极为耀眼的光源。

此外，还有一些装置被用来调节到达感光细胞上光的数量，最熟知的就是瞳孔。在亮光中瞳孔缩小，在暗光中它就放大。例如人的瞳孔最大时直径可达 8 毫米，最小时直径为 2 毫米，因此瞳孔最大时的面积为最小时面积的 16 倍。一般说来，动物瞳孔虽不如人的瞳孔大，然而其调节范围有时却超过人的瞳孔。

脊椎动物的感光细胞如何感光

感光细胞从视野范围内吸收光子，然后经一系列特殊复杂的生物化学通路，将这些信息以膜电位改变的形式进行信号传导。最后，视觉系统对这些信号信息进行处理，以呈现一个完整的视觉世界。

这样，就可控制光线的数量。但是，外界环境中最暗与最亮的光强度差别可达 100 亿倍，如果光靠面积为 16∶1 的比例来调节是远远不够的。因此，不管是人的眼还是动物的眼，必须具有进一步控制和调节光强度的神经系统和化学机制。当光线照射视杆时，其中一部分就被极端灵敏的化学物质——视紫红质所吸收，然后视紫红质再分解为两种其他的化学物质：视黄醛和蛋白质。这个分解活动引起电脉冲传到脑，在接受一个影像的一只眼中，从全部视杆来的所有脉冲的总和就在脑中组成暗光图像。

任何一种被分解的化学物质必须立即再合成，否则，它的机能就停止了。当维生素 A 存在时，即与蛋白质结合而重新合成视紫红质，而维生素 A 是由视网膜后面靠近视杆和视锥的血管不断递送来的。视紫红质的分解和合成是连续不断的，并且总是保持着平衡，除非眼睛受到强烈的光线照射，平衡才被破坏。

强光会极度减低视网膜的效力，以致要恢复其功能，就必须长时间补偿维生素 A，否则就造成暂时性盲，如果情况非常严重的话，暂时盲能延续到几个小时。曾有这样的证据：有些夜间动物由于视网膜暴露在光照下时间过长而受到永久性的损伤。

当我们在一个明亮的房间里把灯关掉，或从光线充足的环境突然进入到黑暗中时，我们的眼睛就需要一个短时间的暗光适应。因为经过强光照射后，视紫红质被大量分解，此时视杆细胞必须接受大量的维生素 A，经过一定时间的暗光视觉，才能合成这类化学物质以供视锥在亮光中使用。人的年纪越轻，产生暗适应越快，除非维生素 A 在血液中被过多的酒精、尼古丁或因疾病等破坏及中和。有些动物也需要这种短时间的适应期。当一只猫在夜间刚被放出门时，它并不灵活，直到它对暗淡的光线产生适应，并能辨别轮廓和动作时为止。一只狗摇头摆尾进入黑暗中，是通过鼻子和耳朵来分辨它需要的所有信息，并逐步适应黑暗的环境。这两种动物世世代代就是这样重复着它们的祖先在野生环境中所具有的那些特点，运用着它们最重要的器官，猫使用它的眼，狗使用其鼻子。

看来夜视必须有两个基本要素：白天保护灵敏的视杆和维生素 A 的及时供应。肝脏是维生素 A 的贮存库，有趣的是，有些夜间肉食动物在吃被猎动物时，总爱先吃它们的肝脏。

不同种类的动物视网膜感受器的大小都有差别，一般视锥总是比视杆大。了解这一点是很重要的。通过放大镜看一幅报纸插图时，可以看到它是由无数小点组成的。如果这些小点非常小，这张图画就能表示出大量的细节，如果这些点很粗糙，那么这幅画的细节就表示不出来。对眼睛来说也是一样。

如果感受器很小，在 1 平方毫米的面积内聚集着几万个，那么感受器在脑中形成影像的轮廓和细节都很分明；如果感受器很粗糙，特别是视杆，则

拓展阅读

维生素 A 的作用

维生素 A 有三大功效：促进生长发育。维生素 A 能够提高机体对蛋白质的利用率，促进体内组织蛋白的合成；维持正常视觉，防止夜盲症；维护上皮细胞组织，抵御传染病。

将产生一个非常模糊的影像。

但是,这些粗糙的感受器有一个优点。感受器越大,它所包含的视紫红质越多,即使在暗淡的光线下也能比较灵敏地视物。我们发现,动物视网膜上的感受器,每平方毫米有1万~100万个,这种性质的排列在视觉中是非常突出的,并且可以肯定,任何特殊的动物都已进化到这种阶段:其感受器的大小和类型能最好地适应它的生活方式。

在某些鸟类和爬行动物眼中,光线在达到视杆和视锥以前,在通过视网膜各层的通道所遇到的一个特别好的滤波器是位于感光细胞顶端的小油滴。在青蛙的视网膜中,这些油滴状物呈浅白色,而某些动物的小油滴有深的色素。因为照射到感光细胞上的光必须通过它,所以它就会滤掉一些短波的光。鱼类眼睛里没有油滴状结构,但是,有些鱼的视锥细胞顶端有椭圆状的透明球状物。它们最重要的特征是含有色素,所以也像其他动物的油滴一样能吸收短波光线,并和眼的其他部位一起,使达到网膜的光线恰到好处。

◎ 奇妙的反射镜

反光组织是在暗淡的光线下增强眼睛效力的一个装置,它是位于视网膜后面的一层像镜子一样的膜。因为视网膜是透明的,所以达到视网膜上的光只有很小一部分被它吸收和利用,其余的就直线通过。反光组织则把这些没有利用的光反射回来,使视网膜上的感受器得到双重的光线。而未被感受器重新吸收的反射光仍沿着入射线的相反方向射出眼外,这就是当一只动物在汽车灯光的照射下,坐车人能看到它眼睛闪闪发光的原因。没有反光组织的任何动物,感受器吸收后的余光就在视网膜后面的组织中消失,所以,反光组织的效力像是在银幕后面放一个镜子,进来的光一点也不会漏掉。

反光组织看起来是一个简单的装置,但是,在许多情况下,大自然已经把它变为一个高度成熟的机械和化学仪器。在哺乳动物眼中,它由具有高度反射性能的细胞或纤维层组成,构造非常简单。然而在鱼类和鳄鱼眼中,它的效力却非常大,因为它们的反光组织中含有鸟嘌呤结晶——像在鱼鳞中看到的一种发光的银色化学物质。在某些硬骨鱼和鲨鱼的反光组织中，这些结晶以一种与黑色素交叉排列的方式进行工作，当光的强度增加时，色素就渗入银色化学物质中以阻止其反射能力，同时也起到覆盖和保护视杆的作用。当光线减弱时，银色反光组织上的色素消失，视杆也就与色素分开，从而获得必需的光亮。在某些没有鸟嘌呤类型的反光组织的动物眼中，也有保护性色素的迁移和视杆的运动。

某些鲨鱼的反光组织排列得更为精巧。银色的结晶形成板状与视网膜细胞呈45°的夹角。当光线太亮时，保护性色素就溢出到成角度的镜子上将其遮盖；当光线减弱时，色素就从这镜子上离开。整个动物界有各种形式的反光组织，虽然这些反光组织的效力各不相同，但都是暗适应的结果——增强大海深处或夜间森林阴暗处的微弱光线。

因为反光组织增加了射到视网膜上的光量，所以当强烈的汽车灯光直射到动物时，不仅它的眼睛被照得眼花缭乱，甚至会惊慌得发呆。此时，汽车驾驶员不能期望它会自行躲避，因为它连逃窜的路也看不见了。

在哺乳动物中发现，各种反光组织仅仅是由在视网膜后面的细胞或纤维层组成的。在这两种类型中特别有趣的是，纤维型反光组织只在被追捕的动物——有蹄类动物的眼中发现，如牛、鹿和山羊；而细胞型反光组织则在追捕动物眼中发现，如狮子、猫、狗、海豹和熊。一般说来，夜出活动的动物才有反光组织，某些哺乳动物在出生时没有反光组织，以后才发育而成。许多没有反光组织的动物在夜间如果遇到汽车灯光，它们的眼睛也会发光。例如啮齿类、蝙蝠、有袋类、蛇类、蟾蜍和鸟类。其原因可能仅仅是由一层薄膜反射而成，这些薄膜覆盖着视网膜后面的血管，还不知道它是否充当一部分反光组织。

◎ 多形的瞳孔

如果没有一定形式的保护，突然遇到极亮的光照，眼睛的一切优点就发挥不出来。所以人们往往喜欢戴墨镜来保护自己的眼睛，防止眼睛受强光照射是非常重要的，因为强光将破坏视杆中的化学物质，光线越强、时间越长，破坏就越厉害，从而恢复到原来状态所需的时间也就越长，这在野生动物中甚至可能造成致命的危险。

渗到反光组织里的许多保护性色素对防止强光是十分必需的。当光线较强时，瞳孔的收缩是防护的第一线。瞳孔是位于有色虹膜中央的一个孔，光线通过它射到视网膜。它像照相机的光圈，瞳孔的直径缩小二分之一，光的通透量大约减少到四分之一。如果我们对着镜子观察，当强光照射眼睛时，就可看到瞳孔的收缩。可以推算出，如果瞳孔直径由8毫米缩小到2毫米，光的通透量只有未收缩时的6%。

> **趣味点击** 猫咪的瞳孔会随着光线的变化而变化
>
> 白天猫咪的瞳孔通常是半张状态，看上去就像一个枣核，正午光线最强的时候，猫咪的瞳孔会变成一条细缝，到了晚上，瞳孔则会全部张开。

人的瞳孔收缩是有极限的，和夜间动物相比，收缩速度也很慢。猫头鹰的瞳孔对光反应所产生缩小和散大的时间仅是人的二分之一。做一个简单的实验，在鱼缸里养一条章鱼，并装一盏明亮的闪光灯。随着灯光的闪现和熄灭，可明显地看到章鱼的瞳孔在迅速地收缩和散大。大多数动物的瞳孔是圆形的，这可能是动物界中最多的瞳孔形状。在夜间它们开得很大，而在光线强烈的白天，有些动物的瞳孔几乎收缩成一个针尖那么大的小孔。但这还不算小，例如鱼类为适应其在夜间觅食，发展了比较灵敏的视网膜，但当它们在白天游到明亮的水面时，用小圆形的瞳孔来保护视网膜显然是不够的，因而它们需要由一束环形肌所组成的结构把瞳孔收缩到最小限度，以至像紧闭的门缝一样。大多数动物都具有这种类型的瞳孔，根据它们的需要，这条缝可能是垂直的，也可能是水平的或斜的。

在强光和弱光两种情况下都能活动的动物身上，我们均可看到细长缝形状的瞳孔。水中的鲨鱼，陆上的家猫也许是大家所熟悉的例子。但是，还有无数其他的动物——两栖类、爬行类和哺乳类动物都具有这种类型的瞳孔。

据我们所知,所有能收缩成细长缝的瞳孔,在阴暗的光线下就散大成圆形或近似于圆形。猫鲨瞳孔是最独特的,瞳孔的两边重叠起来,只在两端各产生一个极小极小的孔,这比一条普通的缝更为有效。

某些有蹄类动物(以马为例)有一层从瞳孔顶部悬挂下来的遮盖膜。它是虹膜上缘的附属物,当瞳孔闭合时,它碰到瞳孔的下沿,在前后留下一个孔的未遮盖区,这类动物就从这个区察看其周围发生的一切,以保持高度警惕。这个膜处于半舒张的松弛状态,当它收缩时,可以看到其瞳孔与猫鲨特别相似。北非野羊像所有的野山羊和绵羊一样有灵敏的视网膜,它由收缩成一条水平细缝的瞳孔保护着。

◎ 大眼睛与小头

在夜间,某些动物充分利用大眼睛的特点,以补偿感受器的数量,产生一个较大的优质而清晰的影像。但是,较大的影像往往会把光线散播的范围扩大,而使其亮度减弱。这在白天影响还不大,到了夜间就成问题了,此时动物就以瞳孔的放大来弥补,让更多有效的光射入眼睛。瞳孔的直径增加4倍,进入眼睛光的数量就增加16倍。

由于小头限制了眼睛的大小,所以许多动物找到了另一种产生大影像的方法,就是使眼睛发展到头所能容纳的那么大,以至头的背部表面也成为眼睛的一部分,显然这种眼睛的活动范围就相应缩小,有的甚至完全不能动。但这种动物如果有一个灵活的脖子,或本身并不需要大范围的视野,那么由于眼睛不能移动所引起的损失还是不大的。大的眼睛也意味着,动物的颅骨内就只有很小的空隙来装脑子,所以脑子的大小就受到严格的限制。

虽然眼的形状各不相同,但它们视觉的效力却有些相似,原因可能是由于眼球背面的弧度是相同的。猫头鹰眼睛的前后直径大,从晶状体和角膜到视网膜的距离比较长,所以产生一个大的影像。鱼的视觉系统情况不同,因为它们的眼睛与水相接触,水的折射率比空气大,就减低了角膜的视觉能力。但眼睛里面的晶状体有较大的折射率,它能补偿这个损失;又因为所有的视觉影像在水中比在空气中大，所以鱼类还能获得较大的影像。为了说明这一点，我们不妨举一个简单的例子。如猫头鹰的角膜放大率是5，晶状体的放大率是3，产生的影像值是15，因为晶状体进一步放大了由角膜产生的影像。如果是鱼的话，角膜的放大率是零，因为它是与水接触，但其晶状体的放大率是15，所以产生的影像值与猫头鹰是相同的。

许多夜出哺乳动物有特别大的眼睛，并有与眼相适应的头颅。菲律宾跗猴就是一个例子。另外，相似的动物还有中美和南美的夜猴，它可能是仅有的真正在夜间活动的猴子。

◎ 在脑子里发生了什么

一个视觉影像达到动物脑中所发生的过程包括很多因素，在这里就不一一描述了。我们假设夜出觅食的蛇在岩石上看到一只小壁虎，因此，在蛇的每只眼睛里就形成了这只壁虎的影像。这两个影像倒过来沿着神经传递到对侧脑半球，在它传递到大脑皮层的部位以前，每个影像达到一个中枢，在这里发生复杂的综合，然后达到大脑皮层的枕叶。

在脑中，两个影像再倒过来适当地联合成一个影像，这是高等动物最简单的模型。看起来有些不必要的复杂，然而并不如此。为了记录如形状、密度、运动方向等特点和一大堆视觉中包含的其他微妙的因素，就要求有一个类似于计算机的成熟系统，所有这些因素都必须被包含在这个很短的通道内，许多动物的这个通道长度还不到一寸（约2.5厘米）。两个影像在皮层中联合至少要达到两个目的：①它产生了一个立体效应，使所看见的东西具有深度、厚度和丰满的感觉；②增加了影像的鲜明性。如果我们看某一样暗淡的东西并且交替地开、闭一只眼睛，则同样能体会到这点。只睁开一只眼睛时，物体就远不及两只眼都视物时那么明亮。因为两只眼视物在皮层中就得到双重影像的刺激。人和最高等动物的脑的模型当然比刚才描述的复杂得多。动物的感觉器官本身不仅要适应新的生活方式，而且它的脑必须沿着新的途径发展，才能更好地适应复杂的环境。

人类的仿生技术

建筑仿生

RENLEI DE
FANGSHENG JISHU

生物界中的建筑高手以及高明的建筑形制给人类带来了灵感,通过对这些科学合理的建筑形制的研究学习,人类丰富和完善了自身的建筑理念,研制开发出了一些新产品。例如,效仿蜜蜂建筑蜂房的精湛技艺,人类设计出种种轻质高强的泡沫蜂窝结构材料,并将其成功应用于建筑中。

人类的仿生技术 建筑仿生 RENLEI DE FANGSHENG JISHU

兽类与人工发汗材料

兽类在散热方面有一系列的适应机制。例如有的动物是依靠减少体毛、增大皮肤表面积来实现的。如大象无毛，体表皮肤多皱纹，耳朵特别大，从而大大增加了散热面。更多的动物是靠出汗来散热的。马皮肤中的汗腺特别丰富，奔跑中通过出汗可散发大量的热量。狗虽无汗腺，但它会伸出湿润的舌头靠喘气来散热；河马通过耳朵内流汗散热；牛则通过口、鼻和脚趾间流汗散热。多数兽类全身皮肤都有一些汗腺。兽类出汗可散发大量热量的机理已启发科学家设计出了一种"人工发汗材料"，它能作为高效的耐高温材料。

拓展思考

狗的汗腺在哪里

汗腺是哺乳动物特有的一种皮肤结构，狗的汗腺主要是大汗腺。它又叫顶浆腺，会分泌一种略微黏稠的液体。这些液体往往是无味的，但经过细菌的加工，就会散发出特别的气味。

现已研制出一种含有金属的陶瓷材料，当温度升到一定范围时，金属就会熔化，进一步汽化蒸发，就如出汗一样带走大量热量，从而保护材料在高温下不致被烧毁，保持外形尺寸不变。这种材料在航天等领域有特殊用途，现已投入了应用。

蛋壳耐压的启示

生物在长期的进化过程中，为了适应生存原则，其形体的结构愈来愈科学，这就给我们很多启示。

鸡蛋的蛋壳，我们几乎天天都能见到，似乎没有什么大的用处。然而，以建筑师为职业的人，却把它视为至宝，因为它给建筑师以很大启示，为现代化建筑作出过不小的贡献。让我们先做一个小小的实验：取两只蛋壳，一只凸面向上，一只凹面向上，用两支削得不太尖的铅笔，从 10 厘米高处向蛋壳落去。可以看到，铅笔与凸面向上的蛋壳撞击了一下，蛋壳并未被击碎，而凹面向上的蛋壳却被击破了。这说明蛋壳凸面向上的可以承受的力比四面向上的可以承受的力大得多。我们的祖先很早就发现了蛋壳的奥秘，并据此设计了凸面向上的石拱桥。

　　可别小看一座石拱桥，那里面还有相当大的学问呢！你看，一座石拱桥，当它受到向下的压力时，也同时受到两侧相邻石块的侧压力作用。由于石块的抗压强度很大，所以这个力能达到很大值。若石桥凹面向上，那么，当它受到向下的压力时，邻近的石块则产生拉力，由于石块的抗拉强度很低，所以凹面向上的石桥只能承受很小的力。这与蛋壳凸面向上不易击破，凹面向上不堪一击是同一个道理。

　　近几年来，建筑师又在蛋壳的启示下，设计了现代化的大型薄壳结构的建筑物。这种建筑物既坚固，又节省材料。北京火车站大厅房顶就是采用这种薄壳结构。屋顶那么薄，跨度那么大，整个大厅显得格外宽敞明亮、舒适美观。

　　最近，又有人模仿鸡蛋设计了一种特殊的房屋：外壳是钢铁制造的，"蛋白"用耐高温玻璃、石棉等制造，人则住在相当于"蛋黄"的部分。这种房屋能抵抗强烈的地震，即使震翻了也能自动复原。屋内贮有氧气、水和食物，在与外界完全隔绝的情况下，7 个人也能在里面生活 1 个星期。也有人按鸡蛋的构造原理和形状，建造了"气泡屋"作为学校校舍。另外，在建筑物中，也有像贝壳似的餐厅、杂技场和市场，这些结构既轻便坚固，又节省材料。

人类的仿生技术　　建筑仿生

奇妙的植物的建筑结构

植物在经常的风力作用下，会发生形态变化。山上的云杉，由于长年累月狂风的袭击，底部直径显著增大，树干成了圆锥形。风速越大，圆锥越矮。人们设计了圆锥形的电视塔，把它建造在风速80米/秒的山顶上。在风力的经常作用下，树根系统也会发生明显变化，使树对狂风有很强的适应性。依照这种树根，有人设计了特别高的高层楼房，它就支撑在按树根原理制成的地基上。

树　根

在既不太热又不干燥的地区，车前子的叶子一般呈螺旋状排列，这样，每片叶子都能得到适当的太阳光。人们向车前子借鉴了调节日光辐射的原理，设计了一种住宅，它是呈螺旋状排列的13层楼房，每个房间都能得到充足的阳光。

基本小知识

车前子

车前子又名车前实、虾蟆衣子、猪耳朵穗子、凤眼前仁，为车前科植物车前的干燥成熟种子。喜温暖湿润气候，耐寒，山区平地均可生长。性味甘寒，入肾、膀胱、肝、肺经，利水通淋、渗湿止泻、清肝明目、清热化痰，为常用药材。

蜂窝状泡沫建材的诞生

蜜蜂"建筑师"的精湛技艺，已为许多现代技术专家所仿效。建筑工程师模仿它则设计出种种轻质高强的泡沫蜂窝结构。轻质和高强，是建筑材料和结构的发展方向。未来的材料将是蜂窝状的多孔泡沫。现在城市建筑材料多是钢筋和水泥。

但是，由钢筋和水泥等制成的钢筋混凝土结构太重，每立方米重达2.4吨。广州的33层白云宾馆，就有8万多吨重。为了减轻钢筋混凝土的自重，建筑工作者便把注意力转向蜂房和浮石，创造发明了蜂窝状的泡沫混凝土、泡沫塑料、泡沫橡胶、泡沫玻璃和泡沫合金等。

实践证明，这种材料中由气泡组成的蜂窝，既隔热又保温。英国的建筑师试制成功一种蜂窝墙壁，中间填满由树脂和硬化剂合成的尿素甲醛泡沫。用这种墙壁建造住宅，结构轻巧，冬暖夏凉。

都灵展览馆的灵感来源

著名的水生植物王莲，其叶浮在水面，直径可达2米，奇妙的是，薄薄的叶面，一个五六岁的孩子坐在上面也安然无恙。100多年前法国的约瑟夫·莫尼哀对它进行了研究，于是，这位园艺家兼建筑师便模仿王莲的叶脉结构，用钢和玻璃建造了一座像水晶宫一样的大花房，为推广轻型大跨度的网状薄结构奠定了基础。后来，意大利的建筑师们在设计跨距为95米的都灵展览馆大厅屋顶时，也采用了这种网状叶脉结构，在拱形的纵肋之间连以波浪形的横隔，从而保证了大厅屋顶的刚度和稳定性，由于屋顶的应力集中在波浪形的横隔上，就可在肋间安装许多天窗，使得这座大厅不仅结构轻巧、宏大雄伟，而且光线充足、美丽如画。都灵的建筑师们还设计了一块100米长的薄板，其厚度仅4厘米，但它的刚度却跟叶脉一样奇妙，竟能经得住一个人在上面走来走去。

知识小链接

应　力

当材料在外力作用下不能产生位移时，它的几何形状和尺寸将发生变化，这种形变就称为应变。材料发生形变时内部产生了大小相等但方向相反的反作用力抵抗外力，把分布内力在一点的集度就称为应力。

上述网状膜结构，用建筑学上的术语来解释，是许多杆件沿一定曲面或平面组成的空间杆件体系，纵横交错，如同网形。它特别适用于城市建筑和水上建筑。

悬索结构的由来

有些科学家用毕生精力研究蜘蛛和蛛网，他们为什么要花费那么大的精力去研究这些其貌不扬的小动物呢？这是因为在蜘蛛网上隐藏着许许多多的秘密。揭开这些秘密，将会给人类带来不可估量的好处。例如，人们从蜘蛛喷孔的原理得到启示，从而发明了人造丝。

蜘蛛不仅是一位丝织专家，而且同蜜蜂一样，是一位出色的建筑师。它能根据地形地物精确地计算要织多大的网，然后用最省料而又能达到最大面积的"原则"来使用它的丝。蜘蛛织网时，先用丝围成框和拉圆，再用黏纺编织捕捉小虫的网眼。蛛网是自然界独一无二的悬索结构。别看网丝是那么细微，却能承受近3g的拉力。可以说，模拟蛛网建成的大跨度屋顶和桥梁，同样是建筑仿生学的一大成就。

19世纪末期，人们在总结悬索桥架设和锚固经验的基础上，设计成功了可用来作为屋顶的悬索结构。远的不说，大家所熟悉的北京工人体育馆大厅的屋顶，采用的就是悬索结构。该屋顶的直径为110米，很像一个平放着的自行车圈，由金属的中心环、钢筋混凝土外环和上下两层钢索组成。在这种结构中，长于抗拉的钢丝只承受拉力，而长于抗压的混凝土外环在钢索的均匀后拉下则主要是承受压力，真正地做到了物尽其用。除了跨度大和能充分发挥材料潜力的优点外，悬索结构还有成型容易和造型美观的特点。

近些年来，国内外的悬索结构花样不断翻新，日臻完美。

出气孔和充气结构

学过植物学的人都知道，在植物的表皮上到处都是气孔，其功能是用来调节体内的温度。富于想象力的建筑师们，应用植物的这种气液静力压系统的工作原理，设计出一系列带有自动调节系统和充分结构的建筑物。如双层或单层充气结构的住宅、厂房、仓库、体育馆、展览厅、学校和水下建筑等。所谓充气结构，就是在玻璃丝、增强塑料薄膜或尼龙布内部充气，以形成一定形状的建筑空间。它们的主要特点是：便于运输拆迁，省工节料，建筑迅速。

综观现有的各种充气结构，以英国建筑师格林设计的蚕茧式充气住宅为最佳。这种住宅是安装在活动支架上的充气塑料壳体，内部的充气隔墙可根据需要随意改变位置或缩回到地面，多功能的充气地面可根据房间主人的意愿凸出，形成各种充气家具（如充气的床、沙发、圆桌、写字台等）。最受用户欢迎的是，室内气温自动调节，造成冬暖夏凉的小气候。

可以预见,在不久的将来,即可在南北极建造跨度上千米的聚氟乙烯薄膜的充气住宅。尽管室外冰天雪地,室内却温暖如春。如果在这种充气建筑内种农作物,不受气候条件的限制,可做到一年四季,瓜果丰收。

兽类骨骼的启示

兽类在长期进化中,形成了适合生存环境的种种形态,而保持这种形态的骨骼系统在强度、硬度和稳定性等方面是很完美的。中国的古建筑人字形屋盖与兽类的脊柱有点相像;房屋的大梁好像牛、马的背椎骨;椽子(桁桷)好像牛、马的肋骨。

现代建筑普遍采用"钢筋混凝土"结构,其中钢筋在建筑物中的作用,跟骨骼在动物身体中的作用一样。埃菲尔铁塔是一座耸立在巴黎市中心的高达 300 多米的金属塔,它是法国著名工程师埃菲尔在 1889 年为巴黎博览会设计的,这座宏伟的铁塔是当时世界上最高

> **趣味点击　懒得出奇的树懒**
>
> 树懒是一种懒得出奇的哺乳动物,什么事都懒得做,甚至懒得去吃,懒得去玩耍,能耐饥一个月以上,非得活动不可时,动作也是懒洋洋的,极其迟缓。就连被人追赶、捕捉时,也好像若无其事似的,慢吞吞地爬行。

的建筑,也是巴黎的象征。但其结构是埃菲尔不自觉地模拟和重复了灵长类小腿骨(胫骨)的结构,两者的表面角度完全相符。

古往今来,人类建造了无数桥梁,但细细分析,四足着地的兽类,前后肢好像一座桥的桥墩,脊椎骨又恰似桥身。有些生活习性特殊的动物,如跳鼠,后肢特别长,它靠后肢跳跃和站立,整个身体的结构就跟单桥墩的悬臂桥相像,而吊桥跟终年在树上悬挂生活的树懒样子一样。

混凝土的发明

自然界中的植物,在风霜雨雪的长期作用下,其内部构造和外观形状都要发生相应的变化。这种种变化,都会给人们以有益的启示。还是在19世纪末,法国的一位园艺家就发现,许多植物都是依靠其根部与土壤的密切结合,而矗立于急风暴雨之中,从而想到按照植物的这种固本方式来造花坛。他用水泥(好比泥土)把铁丝(好比植物的根)包裹起来,结果造出了能抗击风雨侵蚀的花坛,从而发明了当前建筑中的重要材料——钢筋混凝土。

钢筋混凝土的发明,使建筑业发生了突飞猛进的变化,可以这么说,如果不是混凝土的发明,现代的一些高耸入云的建筑物只能是幻想。当然,这中间还包括从生物的结构中所受的启发,如前面提到到的埃菲尔铁塔和类似的圆锥体结构。因而我们完全可以这么说:是仿生学给现代建筑以丰富的灵感。

拱形结构的灵感

建筑仿生学不仅研究现代生物,而且研究古代生物。其原因就在于它们构造简单,更易于模拟。

大家知道,在距今2亿~7000万年以前,当银杉、云杉等裸子植物繁盛的时候,正是爬行动物在地球上称王称霸的黄金时代,其中最有名的就是动物王国的巨人——恐龙。在恐龙家族中,硕大无比者应算是在北美洲发现的梁龙。梁龙身长26米,重约50吨,巨大的体重完全靠四条立柱似的粗腿传给地面。从对梁龙躯体结构的力学分析中可以看出,梁龙之所以能支持住它的巨大的体重,身体没有在中间被压弯下垂,是因为它的身体上部有一种拱

人类的仿生技术　建筑仿生　RENLEI DE FANGSHENG JISHU

拱　桥

形结构。

拱形结构是一种由弓形构件组成的结构,两端处叫作拱脚。

我国劳动人民在 1300 多年前建造的赵州桥,就是用的拱形结构。拱形结构的受力情况是:当拱形上有负荷时,内力主要是压力,并沿着拱轴方向向拱脚传递。由于拱沿轴向只受压力,不受弯折或弯折很少,在砖石、钢、木和钢筋混凝土结构中采用得非常广泛,而且形式多样、各有千秋。特别是依照梁龙受力图,按拱脚直接落到地面的结构处理方法,不仅可省去墙所占的高度,还可把拱脚水平推力直接传给地基。

现在,世界上有 5 万种动物、30 万种植物和十几万种微生物。这些生物,也同建筑物一样,时时都受到各种自然力的作用。它们经历了亿万年的进化和选择,形成了适合生存环境的种种结构和功能。鸟类的窝巢、蛋壳,乌龟的甲胄,蜜蜂的蜂房,海生动物的外壳种子和果核以至于人类的头颅脑壳,都是用最少的材料构成坚固刚劲的结构,而且它们的功能都能适合各自所处的环境。

只要我们善于观察和研究,就会从中获得不少有益的启示。可以预料,在不久的将来,建筑仿生学这门大有作为的科学,将帮助人类征服地下、天空和海洋,建造出蔚为壮观的地下宫殿、海底乐园和太空城市,为人类在那里定居创造更为舒适的居住条件。

蜂窝与太空飞行器

航天飞机、宇宙飞船、人造卫星等太空飞行器,要进入太空持续飞行,

太空飞行器

就必须摆脱地心引力，这就要求运载它们的火箭必须提供足够大的能量。

要把地球上的太空飞行器送到地球大气层外，至少要使该飞行器获得 7.9 千米/秒的速度，此谓第一宇宙速度；而要使飞行脱离地球，飞往行星或其他星球，则需达 11.2 千米/秒的速度，此谓第二速度。

为了使太空飞行器达到上述速度，运载火箭就必须提供相当大的推力。因为运载火箭上带有推进剂、发动机等沉重的"包袱"。按目前航天技术水平，平均发射 1 千克重的人造卫星就需要 50～100 千克的运载器，反之，太空飞行器自身重量越轻，也就可大大减轻运载火箭身上的"包袱"，也就能使太空飞行器飞得更高、更远。

为减轻太空飞行器的重量，科学家们绞尽脑汁，与太空飞行器"斤斤计较"。可要减轻飞行器重量，还不能减轻其容量与强度。科学家们尝试了许多办法都无济于事，最后，还是蜂窝的结构帮助科学家解决了这个难题。

大家都知道，蜜蜂的窝都是由一些一个挨一个，排列得整整齐齐的六角小蜂房组成的。18 世纪初，法国学者马拉尔琪测量到蜂窝的几个角都有一定的规律：钝角等于 109°28′，锐角等于 70°32′。后来经过法国物理学家列奥缪拉、瑞士数学家克尼格、苏格兰数学家马克洛林先后多次的精确计算，得出如下结论：消耗最少的材料，

航天器的第一

世界上第一个航天器是前苏联 1957 年 10 月 4 日发射的"人造地球卫星 1 号"；第一个载人航天器是前苏联航天员加加林乘坐的东方号飞船；第一个把人送到月球上的航天器是美国"阿波罗 11 号"飞船；第一架兼有运载火箭、航天器和飞机特征的航天飞机是美国"哥伦比亚号"航天飞机。

人类的仿生技术　建筑仿生

制成最大的菱形容器,它的角度应该是109°28′和70°32′,和蜂房结构完全一致。

但如果从正面观察蜂窝,蜂房是由一些正六边形组成的,既然如此,那每一个角都应是120°,怎么会有109°28′和70°32′呢?这是因为,蜂房不是六棱柱,而是底部由3个菱形拼成的"尖顶六棱柱形"。我国数学家华罗庚经精确计算指出:在蜜蜂身长、腰周确定的情况下,尖顶六棱柱形蜂房用料最省。

蜂窝的这种结构特点不正是太空飞行器结构所要求的吗?于是,在太空飞行器中采用了蜂窝结构,先用金属制造成蜂窝,然后再用两块金属板把它夹起来就成了蜂窝结构。这种结构的飞行器容量大、强度高,且大大减轻了自重,也不易传导声音和热量。因此,今天的航天飞机、宇宙飞船、人造卫星都采用了这种蜂窝结构。科学发展就是如此,有时看起来高不可攀的难题,只要开动脑筋,善于从日常生活中觅取线索,就会迎刃而解。小小的蜂窝,似乎与伟大的航空航天事业风马牛不相及,但仿生学却将它们紧密地联系在了一起,推动了人类社会的发展与科技的进步。

蜗牛壳与复合陶瓷材料

在潮湿的地上,或者在树枝上、蔬菜的叶子上,常会见到蜗牛在活动。它们背着自己重重的壳,慢慢地向前蠕动,有一点儿风吹草动,软软的身子马上缩回壳里。蜗牛的壳很坚固,它给科学家们以极大启示。

蜗牛等软体动物的壳实质上是一种由碳酸钙层和薄的蛋白质

你知道吗

蜗牛是牙齿最多的动物

蜗牛是世界上牙齿最多的动物。虽然它的嘴大小和针尖差不多,但是却有2.6万颗牙齿。在蜗牛的小触角中间往下一点儿的地方有一个小洞,这就是它的嘴巴,里面有一条锯齿状的舌头,科学家们称之为"齿舌"。

层交替地组成的层状结构。碳酸钙硬而脆,但蛋白质层交替地夹在其中,能防止碳酸钙层的裂纹蔓延,从而使蜗牛壳变得又硬又韧。

蜗　牛

最近,英国剑桥大学的科研小组研制出了一种类似蜗牛壳的层状组织,即用150微米厚的碳化硅陶瓷层和5微米厚的石墨层交替地叠加热压成复合陶瓷材料。碳化硅是一种非常硬而脆的陶瓷,但由于夹在中间的石墨层可以分散应力,又可以阻止一层碳化硅中的裂纹蔓延到另一层碳化硅中,因而不易碎裂,这就是仿生复合陶瓷材料。仿生复合陶瓷材料可用来制造喷气发动机和燃气涡轮机的零件,如涡轮片等,它们不仅可以提高发动机的工作温度,还可以减少喷气发动机和燃气轮机对空气的污染。

人类的仿生技术

能量、动力与电子仿生

RENLEI DE
FANGSHENG JISHU

迄今为止，人们在开发新能源，提高能源转化率等方面已取得了不少成就，但和生物界相比则又显得渺小了。生物体内进行的光能、电能、化学能等各种能量的转换，其效率之高为人类所远远不及。如萤火虫通过自身荧光素和荧光酶的作用，发光率竟达100%。类似的情况在动力和电子等领域同样存在，如何模仿生物高效的技能已成为科学家们的重要课题。

人类的仿生技术　能量、动力与电子仿生

转换能量的高手

提起能源，人们就会想到煤炭、石油等，其实，生物自身也可以产生能源，还能够把一种能转换成另一种能，而且转换效率很高。

为了说明这个问题，我们用磨面这件事做例子：磨面机是由电动机带动的，电是从发电厂送来的，发电机是蒸汽推动的，蒸汽是锅炉里产生的，而锅炉是用煤作为燃料的。这个过程就是能量转换过程。在这个过程中，煤的化学能量经过了3次转换，每一次转换，都要损失一些能量，转换效率大约是40%。

人力也能磨面，不过，人的能源物质不是煤而是食物。人吃了食物，经过酶的消化作用变成葡萄糖、氨基酸等，再经过氧化作用，变成一种可以产生能量和储存能量的物质——腺三磷（ATP），人想推动磨盘，腺三磷就放出能量使肌肉收缩，牵引肌腱去推动磨盘。从这个过程中，你可以看到：人体把食物的化学能转换成机械能，一次就完成了，转换效率比较高，大约是80%。

拓展阅读

人工肌肉

人工肌肉早期是指一种没有肌肉功能只有表面装饰作用的合成材料，后来研发的是具有一定肌肉伸缩功能的由硅橡胶和涤纶制成的产品，涤纶织物管作为人工肌腱从硅橡胶管的两端伸长，以便附着在天然肌腱上或附在骨骼上，在人工肌肉的较宽的中央部分，涤纶织物褶叠在一起，让人工肌肉中央突出部分自由活动，织物长度可限制人工肌肉的伸展，使臂或腿不会反曲到超过伸直位置。

生物转换能量的高效率，引起了科学家们的兴趣，他们模仿人体肌肉的功能，用聚丙烯酸聚合物拷贝成了"人工肌肉"。这种人工肌肉也能把化学能直接转换成机械能。只要配合一定的机械装置，就能提取重物。据实验，1厘米宽的人工肌肉带能提起100千克重的物体，这比举重运动员的肌肉还要结实有力！

现在我们常见的白炽灯是热光源，灯丝发光一般要烧到3000℃，90%的电能变成热能而白白浪费了，用于发光的电能只占10%。荧光灯要好一些，但转换效率也不超过25%。要想提高发光效率，还得向生物学习。例如萤火虫的发光效率就比白炽灯高好几倍。在萤火虫的腹部有几千个发光细胞，其中含有两种物质：荧光素和荧光酶。前者是发光物质，后者是催化剂。

在荧光酶的作用下，荧光素跟氧气化合，发出短暂的荧光，变成氧化荧光素。这种氧化荧光素在萤火虫体内的腺三磷的作用下，又能重新变成荧光素，重新发光。

萤火虫在发光过程中产生的热极少，绝大部分的化学能直接变成了光能，所以它的发光效率非常高。它是一种冷光源。这种冷光源也引起了科学家们的兴趣。他们正在想办法人工合成荧光素和荧光酶。等到试验成功并且大批生产以后，人们可以把这种冷光源用在矿井里，用在水下工地上，甚至可以把这种发光物质涂在室内的墙壁上，白天接受阳光照射，储存能量，夜晚便可大放光明。

叶绿素发电

叶绿体也是一个非常复杂的"化工厂"。毫无疑问，如果能成功地模拟叶绿体中的生物催化及其调节功能，就会引起有机合成化学工业的深刻变化，也将为人工合成食物开辟一条崭新的道路。能量的转换是现代工业的基础，过去，当人们把燃烧煤获得的热能转变为蒸汽机的机械能时，便引起了工业革命。现在电是最方便的能量形式，因为它容易转变为其他形式的能。实验表明，叶绿素转化太阳能的效率是很高的，那么我们能不能造出"叶绿素太阳能电池"呢？

最近，有人根据对光合作用的研究，进行了尝试。他们用氧化锌做叶绿素的基底，发现这个系统的电光学性质类似进行光合作用的叶绿素。当有光照时，叶绿素吸收光能后把电子给氧化锌，便能产生出电流。

知识小链接

氧化锌

氧化锌俗称锌白，是锌的一种氧化物，难溶于水，可溶于酸和强碱。氧化锌是一种常用的化学添加剂，广泛地应用于塑料、硅酸盐制品、合成橡胶、润滑油、油漆涂料、药膏、黏合剂、食品、电池、阻燃剂等产品的制作中。

"发电"鱼与电池

渤海湾的远洋作业船队，开到东海渔区赶鱼汛，在排除水下故障时，检修员遇到了这样一种奇怪的情况：刚刚潜到水下，无意间触到了什么东西，突然四肢麻木、浑身战栗。当地渔民告诉他们，这是栖居在海洋底部的一种软骨鱼——电鳐在作怪。

过了不久，他们用拖网捕到了一条电鳐。它有60厘米长，扁平的身子，头和胸部连在一起，拖着一条棒槌状肉辊的尾巴，看上去很像一柄大蒲扇。因为吃过它的亏，小伙子们眼巴巴地瞅着这怪物，想不出用什么法子来对付它。随船的当地渔民却毫不在意，伸手把它从网上弄下来，丢在甲板上。原来，由于落网时连续放电，这时，这个"活的发电机"已经精疲力竭了。

其实，放电的本能并不止是电鳐才有。目前已发现有500多种鱼，其体内都装有"发电机"，能够发出电流，一只最大的电鳐，每秒钟能放电150次，有时放出的电压高达220伏。非洲电鲶每条能产生350伏的电压，可以击死小鱼，还能将渔民击昏。南美洲的电鳗更是电鱼中发电功率最高的一种，每一条能发出高达800多伏的电。有人计算过，1万只电鳗同时放的电，可供电车走几分钟。

电鱼为什么能放电呢？

原来，它们身体内部有一种奇特的放电器官，可以在身体外面产生很高的电压。这种器官，有的起源于鳃肌或尾肌，有的起源于眼肌和腺体。各种鱼放电器官的位置、形状都不一样。电鳗的电器官分布在尾部脊椎两侧的肌肉中，呈长棱形，电鳐的电器官则排列在头胸部和腹部两侧，样子像两个扁平的肾脏，由许多蜂窝状的细胞组成。这些细胞排列成六角柱形，叫作"电板"。

电鳐的两个发电器中，总共有2000个电板柱，约200万块"电板"（电鲶的板数更可观，约有500万块）。这些"电板"浸润在细胞外胶质中，胶质可以起到绝缘作用。"电板"的一面分布有末梢神经，这一面为负电极，另一面则为正电极。电流的方向是正极流到负极的，即由电

广角镜

发出较弱电流的鱼

并不是所有的电鱼都能发出很强的电，海洋中还有一些能发出较弱电流的鱼，它们的发电器官很小，电压最大也只有几伏，不能击死或击昏其他动物，但它们像精巧的水中雷达一样，可以用来探索环境和寻找食物。

鳐的背面流向腹面。在神经脉冲的作用下，这两个放电器就能变神经能为电能，放出电来。单个"电板"产生的电压很微弱，但由于"电板"很多，所以产生的电压就很可观了。

一次放电中，电鳐的电压为60～70伏。在连续放电的首次可达100伏，最大的个体放电在200伏左右，功率达3000瓦，所以它们能够击毙水中的游鱼和虾类作为自己的食料。同时，放电也是电鱼逃避敌害、保存自己的一种方式。

世界上最早最简单的电池——伏打电池，就是19世纪意大利物理学家伏打根据电鱼的天然器官原理设计的。随着现代科学技术的不断发展，在研究电鱼方面，今后还会得到不少新的启示。

生物电电池

近年来,人们在研究萤火虫的发光方面获得了巨大的成就。先是从荧光器中分离出了纯荧光素(为提取像一张邮票那样重的荧光素,需要33 000多只萤火虫),后来又分离出了荧光酶。接着,人们又用化学方法人工合成了荧光素——冷光源。所有这些成就,使得人类大大接近了模仿生物发光过程创造冷光源的时代。

过去,根据对萤火虫的研究发明了日光灯,使人类的照明光源发生了很大的变化。现在,生物光可用掺和某些化学物质的人工方法获得,大规模应用它的那一天为期不远了。例如,创造有辐射热的发光墙或产生冷光的发光体,对于手术室和研究实验是非常方便的,当然也会给人民的生活带来许多好处。到那时,大概电灯或随便什么别的光源都会不受欢迎了。

企鹅与滑雪杖

人类在陆地的交通工具,除了最新式的气垫车和磁悬浮列车以外,其他各种车辆都离不开一个关键部件——轮子。在疏松的雪地和沙漠地带,因为摩擦力太小,车轮只能不停地空转,车辆很难前进。

可是,在终年漫天冰雪的南极,常常可见蹒跚而行的企鹅,在紧急情况下却能以30千米/小时的速度,在

企 鹅

雪地上飞驰。企鹅能快速滑行，是因为它有一套特殊的运动方式：它把肚皮贴在雪地上，并快速蹬动作为"滑雪杖"的双脚。人们由此得到启示，制成了一种极地越野汽车。它宽阔的底部贴在雪地上，用转动的轮勺扒雪前进，每小时的速度可达50千米。这种汽车还可以在泥泞地带快速行驶。

蚂蚁与人造肌肉发动机

蚂蚁是动物界的小动物，可是它有很大的力气。如果你称一下蚂蚁的体重和它所搬运物体的重量，你就会感到十分惊讶！它所举起的重量，竟超过它的体重差不多有100倍。世界上从来没有一个人能够举起超过他自身体重3倍的重量，从这个意义上说，蚂蚁的力气比人的力气大得多。这个"大力士"的力量是从哪里来的呢？

看来，这似乎是一个趣的"谜"。科学家进行了大量实验研究后，终于揭穿了这个"谜"。原来，它脚爪里的肌肉是一个效率非常高的"原动机"，比航空发动机的效率还要高好几倍，因此能产生这么大的力量。我们知道，任何一台发动机都需要一定的燃料，如汽油、柴油、煤油或其他重油。但是，供给"肌肉发动机"的是一种特殊的燃料。这种"燃料"

蚂　蚁

并不燃烧，却同样能够把潜藏的能量释放出来转变为机械能。不燃烧也就没有热损失，效率自然就大大提高。化学家们已经知道了这种"特殊燃料"的成分，它是一种十分复杂的磷的化合物。

这就是说，在蚂蚁的脚爪里，藏有几十亿台微妙的小电动机作为动力。

这个发现，激起了科学家们的一个强烈愿望——制造类似的"人造肌肉发动机"。从发展前途来看，如果把蚂蚁脚爪那样有力而灵巧的自动设备用到技术上，那将会引起技术上的根本变革，那时电梯、起重机和其他机器的面貌将焕然一新。

现在我们用的起重机一般也是靠电动机工作的，但是作功的效率比起蚂蚁来可差远了。为什么呢？因为火力发电要靠烧煤，使水变成蒸汽，蒸汽推动叶轮，带动发电机发电。这中间经过了将化学能变为热能，热能变成机械能，机械能变成电能这么几个过程。在这些过程中，燃烧所产生的热能，有一部分白白地跑掉了，有一部分因为要克服机械转动所产生的摩擦力而消耗掉了，所以这种发动机效率很低，只有30%～40%。而蚂蚁发动机利用肌肉里的特殊燃料直接变成电能，损耗很少，所以效率很高。

你知道吗

白蚁不是蚂蚁

白蚁虽然形状像蚂蚁，但它不是蚂蚁，除了与蚂蚁一样具有社会生活习性外，在生理结构上和蚂蚁有很大的差别。白蚁被称为"没牙的老虎"，主要吃木头和木质纤维；而蚂蚁既吃植物性食物，也吃动物性食物。

人们从蚂蚁发动机中得到启发，制造出了一种将化学能直接变成电能的燃料电池。这种电池利用燃料进行氧化——还原反应来直接发电。它没有燃烧过程，所以效率很高，达到70%～90%。

长了眼睛的步枪

采用电子技术，模拟人和动物体对信息的接收、加工、利用以及对生理活动调节、控制的原理，改进现有电子设备的性能，或者创造新型电子系统，是电子仿生学的研究任务。电子仿生学最感兴趣的是人和动物的脑、神经系统与感觉器官。主要研究课题为人工智能、生物通讯、体内稳态调控、肢体运动控制、动物的定向与导航和人机关系等等。近年来，仿生电子学的研究成果不断地涌现，在电子科学园地里开放出许多奇异的新花。

靶场上正在进行射击试验表演，使用的兵器主体是一杆去掉了枪托的小口径步枪，架在类似于高射机枪的三脚枪架上，和圆形瞄准器并排有一个汽车前灯似的圆筒形部件，这个部件上装有明光闪亮的大口径透镜，活像一只直视前方的大眼睛。枪身上装着许多电子器件，一根粗粗的电缆把枪身与旁边的一台电子仪器连接了起来。

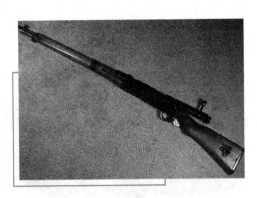

步 枪

打靶试验开始了。远处空中出现了一个移动着的圆形靶子，奇怪的是没有人去操纵这支步枪，只有电子仪器上的红绿指示灯在闪闪发亮。待圆靶移动到正前方时，枪身突然自己移动起来了。枪口紧紧地跟踪着目标。说时迟，那时快，只听"啪"的一声，枪响靶落，弹中靶心。这支自动跟踪目标，百发百中的枪叫作"蛙眼自动枪"。

蛙眼自动枪是一支装有电子自动控制装置的枪，它能够自动跟踪、瞄准、计算提前量、自动射击。因为它装有的那个外表像汽车灯的光电跟踪和瞄准系统是模仿蛙眼视觉原理制造的，所以，试验者给它起了"蛙眼自动枪"这个别致的名字。

布满"神经"的电脑

被誉为"电脑"的计算机，在现代科学技术中发挥着举足轻重的作用。但是，离开了人，计算机就不能工作了。使计算机工作，首先要由人帮助它确定算法、编制程序，计算机只不过是机械地按照人所严格规定的程序进行工作。对于计算机结果的分析，也要由人去完成。在由计算机组成的现代控制系统里，人仍然起着主导作用，这是因为人体具有一台世界上最完美的"天然计算机"——大脑。

电 脑

人脑具有独特的思维活动和记忆能力，在分析问题时能够进行广泛的联想和推理，即使遇到意外的情况也能随机应变，根据具体情况随时决定所应采取的行动。人脑除了进行数学运算，还能够以特有的思维方式进行逻辑判断、处理资料、记忆信息、区别概念、识别事物等等。一个婴儿，尽管还不识数，却能认识父母。一个幼儿早在能进行"1+1"运算之前，就已经能够记忆和了解，分析与综合现象的能力和信息加工方法，都远远超过现代计算机，不难看出，深入研究大脑思维与记忆的生理过程，我们就有可能用它的原理去制造性能优异、能模拟人的复杂神经活动的仿生电子计算机。

模拟大脑的工作，首先要从模拟大脑的组成元件——神经元（神经细胞）入手。神经元可以完成复杂的工作，但其结构却十分精巧。人脑约有150亿个神经元，体积仅为1.5立方分米，耗能不过10瓦左右。假如我们建造一台具有150亿个半导体逻辑元件的电子计算机，它的体积就有1万立方米，所需电能竟高达100万千瓦，不仅如此，神经元之间还有着复杂的交错联系，构成了神经网络。神经网络的存在，可由许多神经元完成同一种工作，因而在损失了相当一部分（比如10%）神经元之后，大脑仍能正常工作。而一台计算机，当其中任何一个部件，特别是一个关键元件损坏时，就会停止工作。由此可见，尽管单个神经元的可靠性比晶体管等电子元件要差。由神经元组成的网络所构成的系统却比人造技术系统可靠得多。这一点，为人们提高电子系统的可靠性,提供了有益的启示。

模仿神经元的工作原理,人们已经研制出了多种"电子神经元",堪称功能奇异的电子线路。电子神经元具有较高的稳定性和可靠性,利用它们模拟大脑的功能,已制成一些特殊用途的电子仪器。如"自动识别机"、"阅读机"、"语言分析器"等。研制出的"飞行器控制系统",其主要部件是由250个"电子神经元"构成的大型网络。这是一种与计算机系统不同的新型控制系统,它能对各种事先未被编入程序的意外情况作出正确反应,可用于高性能飞机和宇宙飞船,其可靠性比通常的计算机系统高10倍。

从生物界找灵感的现代电子科学

生物科学和电子技术的发展,大大促进了仿生电子学的发展。人们在探索中发现,除了蛙眼,许多生物(包括人)的感觉器官都是机体从外界获得信息的接收器和预加工系统,它们各有独特的功能。感觉器官功能的奇妙,结构的精美,为人们改善技术系统的信息输入与传送装置,设计具有新原理的检测、跟踪、计算系统提供了十分有益的

拓展阅读

智能机器人

智能机器人具备形形色色的内部信息传感器和外部信息传感器,如视觉、听觉、触觉、嗅觉。除具有感受器外,它还有效应器,作为作用于周围环境的手段。这就是筋肉,或称自整步电动机,它们能使手、脚、长鼻子、触角等动起来。

启示,例如,模仿苍蝇嗅器官的机能,制成了灵敏度极高的小型电子气体分析仪,已经被用于分析宇宙飞船座舱的气体成分;模拟人的听觉器官制成的"电子耳",可以用来改进通信系统的性能,把600个电话通道压缩成为一个通道。

  人们还发现，蝙蝠能够同时探测几个目标，又能分辨每个目标的性质。几万只蝙蝠同住一个岩洞，都使用超声波，却互不干扰，这些特点，引起了雷达设计师们的研究兴趣。生物雷达的工作原理，必定会为人类改进现有的声呐雷达系统的性能提供十分有益的启示。各类机械人正在走上工业生产岗位。当我们要研制那种能跑、能跳、能说、能看、有"思维"的智能机器人的时候，无论如何也离不开仿生电子学对人的思维、感觉和运动系统的研究和模拟。

  科学技术的发展，创造了自动控制设备。但是，世界最早的自动控制系统却是存在于人和动物体内。靠着这些控制系统，人和动物的体温、血压、脉搏、血液成分都维持着一个动态平衡。深入研究体内稳态调控系统的机能原理，将可以为仿生电子学提供一条发展自动控制技术的新途径。

人类的仿生技术

机械仿生

RENLEI DE
FANGSHENG JISHU

机械仿生是模仿生物的形态、结构和控制原理设计制造出功能更集中、效率更高并具有生物特征的科学手法，例如，通过对生物电流的悉心研究，人类成功研制出人造假手，这种假手已能够做诸如转动肩膀及手臂、掌，弯曲关节等27种动作了。此外，对生物电流的研究，对农业生产也具有十分巨大的意义。

人类的仿生技术　　机械仿生

从人造假手谈起

在一次自动控制技术的会议上，当一个没有手的 15 岁男孩，用假手拿起粉笔在黑板上写道"向会议的参加者致敬"的时候，大厅里顿时响起了雷鸣般的掌声。人们赞叹不绝，不断地向这种新颖控制技术的创造者表示热烈的祝贺。

创造者是怎样使假手能像真手一样工作的呢？这就是我们要介绍的生物电。

早在 18 世纪末，人们对生物机体内的生物电流就已经有所认识。因为生物体内不同的生理活动，能产生不同形式的生物电，如人体心脏的跳动、肌肉的收缩、大脑的思维等等，所以人们就可以借助生物电来诊断各种疾病。

生物电的应用十分广泛，生物电手的应用就是其中之一。我们知道，人双手的一切动作都是大脑发出的一种指令（即电讯号）经过成千上万条神经纤维，传递给手中相应部位的肌肉引起的一种反应。如果我们把大脑指令传到肌肉中的生物电引出来，并把这个微弱的信号放大，那么，这种电讯号就可以直接去操纵由机械、电气等部件组成的假手了。

国外一种假手，从肩膀到肘关节，使用了 5 只油压马达，手掌及手指的动作利用 2 只电动马达。手臂在发出动作之前，利用上半身的各肌肉电流来作为假手活动的指令，即在背脊及胸口安放相应的电极，用微型信号机来处

拓展阅读

人体内的生物电流

生物电流在人体内无处不在：触动神经感觉的是电流，传播大脑指令的也是电流，心脏跳动的动力是电流，胃肠蠕动的动力也是电流，这些电流在体内遵循着一定的规律，分别承担着不同的使命，互不相扰，各司其职。可以说电流普遍存在于我们的生理活动之中。

理那里产生的电流信息，7只马达就能根据想要做的动作进行运转。这种假手的动作与真手臂大致相同，由于主要部分采用了硬铝及塑料，故其重量还不到2.63千克。据报道，这种假手已能够做诸如转动肩膀及手臂、掌、弯曲关节等27种动作了。它能为由于交通及工伤事故而被齐肩截断手臂的残疾人解决生活和工作上的许多不便。国内在研究生物电控制假手方面，上海假肢厂的工人和上海生理研究所的科技人员，经过共同的努力，已经制造了一种重约1.5千克，握力达1千克，可以提10千克的人造假手。其工作能源是由11节镍镉电池提供的。

人造假手的出现不仅为四肢残疾的人制造了运用自如的四肢，而且由于生物电经过放大之后，可以用导线或无线电波传送到非常遥远的地方去。显然，这对于扩大人类的生产实践，将会产生具有影响力的改变。到那时，人们可以叫假手到万米深的海底去取宝，或到高炉里、矿井里去操作，甚至可以叫它到月亮进行科研活动。

生物电的研究，对于农业生产也具有很大的意义。我们常常见到的向日葵，它们的花朵能随着太阳的东升西落而运动；含羞草的叶子，经不起轻扰，一碰就会低眉垂头害起羞来。这些植物界中的自然现象，都是因为生物电在起作用。

植物中的生物电究竟是怎样产生的呢？有人曾做过如下实验：在空气中，将一个电极放在一株植物的叶子上，另一电极放在植物的基部，结果发现两个电极之间能产生30毫伏左右的电位差。当将同样的一株植物放在密封的真空中时，由于植物在真空中被迫停止生命活动，所以植物基部和叶片之间的电压也就消失了。

这个实验有力地证明，生物的生命活动，是产生生物电的根源。

人类的仿生技术　机械仿生

仿生机械学及研究动向

如果把传统的机械称之为一般机械的话，仿生机械应该是指添加有人类智能的一类机械。在物理和机械机能方面，一般机械要比人类的能力强许多，但在智能方面却比人类要低劣得多。因此，若把人机结合起来，就有可能使一般机械进化为仿生机械。从这一角度出发，可以认为仿生机械应该是既具有像生物的运动器官一样精密的条件，又具有优异的智能系统，可以进行巧妙的控制，执行复杂的动作。

仿生机械学是以力学或机械学作为基础的，综合生物学、医学及工程学的一门边缘学科。它既把工程技术应用于医学、生物学，又把医学、生物学的知识应用于工程技术。它包含着对生物现象进行力学研究，对生物的运动、动作进行工程分析，并把这些成果根据社会的要求实用化。

从习惯上说，可把仿生机械学的各个研究动向归纳如下：

（1）生物材料力学和机械力学。以骨或软组织（肌肉、皮肤等）作为对象，通过模型实验方法，测定其应力、变形特性，求出力的分布规律。还可根据骨骼、肌肉系统力学的研究，对骨和肌肉的相互作用等进行分析。

另外，生物的形态研究也是一大热门。因为生物的形态经过亿万年的变化，往往已形成最佳

拓展阅读

"跳跃机"

汽车在沙漠上行走时会异常困难，但羚羊和袋鼠却是如鱼得水。它们是依靠其强有力的后肢在沙漠上跳跃前进的，现在已研制出一种"跳跃机"，在坎坷不平的田野或沙漠地区均可通行无阻。它没有轮子，是靠四条腿有节奏的相互协调的起落来前进的。

结构，如人体骨骼系统具有最少材料、最大强度的构造形态，可以通过优化选择来学习模拟建造工程结构系统。

（2）生物流体力学。主要涉及生物的循环系统，关于血液动力学等的研究已有很长的历史，但仍有许许多多的问题尚未解决，特别是因为它的研究与心血管疾病关系十分密切，已成为一门备受关注的学科。

（3）生物运动学。生物的运动十分复杂，因为它与骨骼和肌肉的力学现象、感觉反馈及中枢控制牵连在一起。虽然各种生物的运动或人体各种器官的运动测定与分析都是重要的基础研究，但在仿生机械学中，目前特别重视人体上肢运动及步行姿态的测定与分析，因为人体上肢运动机能非常复杂，而下肢运动分析在动力学研究中十分典型。这对康复工程的研究也有很大的帮助。

（4）生物运动能量学。生物的形态是最优的，同样，节约能量消耗也是生物的基本原理。从运动能量消耗最优性的特点对生物体的运动形态、结构和功能等进行分析、研究，特别是对有关能量的传递与变换的研究，是很有意义的。

（5）康复工程学。它包括动力假肢、电动轮椅、病残者用环境控制系统等。它涉及许多学科和技术，比如对于动力假肢，只有在解决了材料、能源、控制方式、信号反馈与精密机械等各种问题之后才能完成，而且这些装置还要作为一种人机系统进行评价、试用，走向实用化的道路是非常艰难和曲折的。

（6）机器人的工程学。它是把生物学的知识应用于工程领域的典型范例，其目的一是省力；二是在宇宙、海洋、原子能生产、灾害现场等异常环境中帮助和代替人类进行作业。机器人不仅要有具备移动功能的人造手足，还要有感觉反馈功能及人工智能。目前研究热点为人造手、步行机械、三维物体的声音识别等。

人类的仿生技术 机械仿生 RENLEI DE FANGSHENG JISHU

生物形态与工程结构

前面我们提到过，经过了亿万年的进化，生物的形态是最优的。形形色色的生物结构中，有许多巧妙利用力学原理的实例，让我们从静力学的角度出发，来观察一下生物形体结构对人类工程设计产生的影响吧。

自然界有许多高大的树木，其挺直的树干不但支撑着本身的重量。而且能抵抗大风及强烈的地震。这除了得益于它的粗大树干外，还靠其庞大根系的支持。一些巨大的建筑物便模仿大树的形态来进行设计，把高楼大厦建立在牢固可靠的地基上。

植物的果实担负着延续种族的任务，亿万年的进化使其果实多呈圆形。圆的外形使它们在较小的空间占用最大的体积来存贮营养，同时使它们对外界的压力如风力等有较强的抵抗力。如花生、核桃等还有着坚硬的外壳，可以保护里面相对娇嫩的果仁。同样，动物也具有对自然力的适应性，如蛋壳、乌龟壳和贝壳等，都巧妙利用了一定的力学原理。如果你握住一个鸡蛋，即使加力挤压，也很难把它弄破。原来蛋壳的拱形结构与其表面的弹性膜一起构成了预应力结构，在工程上称为薄壳结构。

自然界中巧妙的薄壳结构具有各种不同形状的弯曲表面，不仅外形美观，还能够承受相当大的压力。在建筑工程上，人们已广泛采用这种结构，如大楼的圆形屋顶、模仿贝类制造的商场顶盖等。

动物界中，辛勤的蜜蜂被称为昆虫世界里的建筑工程师。它们用蜂蜡建筑极规则的等边六角形蜂巢，无论从美观还是实用角度来考虑，都是十分完美的。它不仅以最少的材料获得了最大的利用空间，还以单薄的结构获得了最大的强度。

在蜂巢的启发下，人们仿制出了建筑上用的蜂窝结构材料，具有重量轻、强度和刚度大、绝热和隔音性能良好的优点。同时这一结构的应用，已远远超出建筑界，它已被应用于飞机的机翼、宇宙航天的火箭，甚至于我们日常的现代化生活家具中。

生物形态与运动

现代的各种交通工具，如汽车、飞机、舰船等，均需要一定的工作条件，若在崇山峻岭或沼泽中有的则无法工作。但自然界中有各种各样的动物，在长期残酷的生存斗争中，它们的运动器官和体形都进化得特别适合在某种恶劣环境下运动，并有着惊人的速度。

昆虫是动物界中跳跃的能手，许多昆虫的后腿特别发达，跳跃的本领异常高超。就目前研究所知，叩头虫和蚤类为动物界跳跃的冠亚军获得者，它们的跳跃高度一般为其体长的几十倍，而且无须助跑，就会产生极高的加速度。而集跑、跳、飞于一体的全能冠军，则非蝗虫莫属。它

蝗虫

有着异常灵活、机动的运动能力，给农作物带来巨大灾害。但若抛开这一点，单独研究其运动形态，则会给我们以很大的启迪。如果研究出了它的运动奥秘，则对目前飞机的改进有很大的意义，倘若离开了跑道，喷气式巨型飞机是无法起飞的，但蝗虫完全用不着这些。

人类在水上航行的历史十分悠久，但活动能力却非常有限，远远不如人类在空中飞行和陆地上行走所取得的成就。许多鱼的航速可轻而易举地超过目前世界上最先进的舰艇。其原因也是来自于大自然无所不在的进化，是亿万年来鱼儿为了适应水中生活，便于追逐食物和逃避敌害的进化结果。

机械仿生

人类的仿生技术

机械仿生

拓展阅读

沙漠蝗虫

沙漠蝗虫分布于北非、东非和南非，它们的破坏性极大，飞到哪里，哪里就会一片荒芜。当空气较往常湿润时，更多的沙漠蝗虫就会孵化出它们的卵。小蚱蜢互相撞击，互相摩擦，这种撞击和摩擦会促使个体释放出一种"群聚的信息素"，因此它们开始聚集在一起，然后它们开始飞行，于是蝗灾就产生了。

首先，鱼类的航行速度得益于其理想的流线型体型。这种体形极大地减小了它们受到的摩擦阻力和形状阻力。另外人们还发现，鱼在水中运动时，由于尾部的摆动，产生一种弯曲波，使鱼的运动速度大为提高。有些鱼的身体表面还附有一种黏液，这种黏液也能降低鱼在水中运动的摩擦阻力。目前，有许多新型船只是按照鲸和海豚的体形轮廓及其身体各部比例而建造的，这使航速大为提高。

大家知道，物体在水中运动时受到的阻力的大小，与流经运动物体表面的水的流动形式有关，若水接触的是钢铁等坚硬性的表面，则由于水流产生混乱现象，水的阻力会随之增加；若水接触的是柔软且具有极微细凹凸面的物体表面，则由于物体表面本身具有吸收和消除水流混乱的现象，所以水的阻力会下降。

海豚的皮肤可分为3层。第一层是光滑柔软的表皮层；第二层是白色的真皮层，它生有无数的乳头状、中空的突起物，且伸向黑色的表皮里面；第三层是很厚的脂肪层，很有弹性。这种构造，使海豚在水中游泳时，皮肤能顺从水的压力而波动，阻力

你知道吗

游得最快的鱼

旗鱼是公认游得最快的鱼。由于许多实际的困难，要测得这种鱼确切的最高游速是很难的，最快纪录是在美国佛罗里达海岸的长礁外面测量的一条旗鱼的游速——每小时109.41公里。

小，摩擦力也小，其航速就快。人们模仿海豚的皮肤构造，用橡胶制成人造海豚皮——片流膜，装在潜水艇上，使湍流减少了50%，大大提高了潜水艇航行的速度。

随着航空知识的增加和对飞行生物有关研究的深入，人们在长期的飞行实践中，对飞机的机身、机翼和发动机进行了不断的改进，并取得了较好的效果。

目前超音速飞机的时速已达到3600多千米，它已经接近声音传播速度的3倍；军用歼击机已能飞到3万米以上的高空，爬升的速度也能达到200米/秒；军用轰炸机的航程可达1.2万千米以上。飞机载重能力也有了较大提高，大型运输机虽然自重已达250吨以上，但是还可以运载80多吨物资。

尽管如此，动物在千万年的自然淘汰和进化过程中所掌握的飞行本领，仍值得人类学习和借鉴。

现代飞机的起飞和降落都需要很长的跑道，即使是直升机也要像篮球场一样大小的空地，作为起飞和降落的基础。但飞行动物均不需任何空地和跑道，能在刹那间腾空而起远走高飞。

目前飞机的燃料消耗非常大，一架波音747飞机在运输50吨货物时，要消耗100吨轻油，是所载货物重量的2倍。但鸟类在长途飞行中却能充分利用空气的浮力，有时滑翔，有时振翅飞行，非常节省动力。如果按照鸟类动力消耗的情况来计算，目前的轻便飞机在飞行32千米之后仅需0.5升的汽油，但实际上要消耗4升。

因此，对飞行生物飞行本领的研究还需要仿生学家进一步地努力，从它们身上可以发现一些尚未被人类掌握的空气动力学规律，这对于我们研制及改进飞行器是非常有益的。

人类的仿生技术　机械仿生

动物前爪的启示

二趾树懒的两只弯长利爪能牢牢地钩住树枝倒挂身体，不仅睡觉时不会坠落，就是它死后也还牢牢地挂在树上，主要原因就是它能依靠自身的重力使弯爪越钩越紧。这种结构为设计起重机挂钩提供了很好的模型，具有科学的力学原理。

食蚁兽的前爪可以轻易地刨开坚硬的地面，模仿食蚁兽的前爪制造出一种轻便的耕作机，肯定会大受农民的欢迎。狍猁、穿山甲、鼹鼠都是打洞的好手，根据它们的打洞方式去设计制造新型打洞机械，人们开掘隧道、采矿、挖煤将变得轻而易举。河狸是兽中的筑坝能手、"水利专家"，其效率和精巧程度令人叹为观止，值得人们借鉴。

> **趣味点击　食蚁兽的舌头**
>
> 一头食蚁兽的舌头能惊人地伸到60厘米长，并能以一分钟150次的频率伸缩。舌头上遍布小刺并有大量的黏液，蚂蚁被粘住后将无法逃脱。

人体肌肉的启示

科学家们一直对人的肌肉运动进行研究。他们发现，人的肌肉是最简单的生物机械装置。

人的肌肉占了人体重量的40%。活的肌肉，是一台没有齿轮、活塞和杠杆的神奇"发动机"。它具有惊人的动力，能提起比它自身重许多倍的重物，任何现代机器都要由"动力设备"（内燃机、电动机等）和"工作机械"两部分所组成。然而在活肌肉里，这两者却是合为一体的。人造机器结构复杂，高速运转,磨损和维修是个大问题,因此是"短命"的机器。而活肌肉则是"自我维修"的机器,因而是"长命"的。科学家们最感兴趣的是肌肉在把化学能转变成机械能时只需一步:在神经信号的刺激下,肌肉收缩变短变粗,直接把食物的能量转变为机械动力,牵引肌腱而使人运动。这里,肌肉是把食物的化学能直接变成了机械能,效率高达80%。而人造机器则必须先把燃料的能量变成热或电,然后再转换为机械能,产生运动。显然,能量的转换每增加一个步骤,就必定要损失掉一部分,从而降低了机械的效率。涡轮机是一种高效率的热机,但它的效率只有40%。

人们模仿活肌肉的这种优异特性,用聚丙烯酸等聚合物,制成了"人工肌肉",把它放在不同的介质(碱、酸等)之中,便会有效地收缩或者松弛。这种可以直接把化学能转变成机械能的机器,我们把它叫做"机械—化学机"。如再配合一定的机械装置,它就能提起重物,或者实现机件的往返运动。

活肌肉是一种新型的机器。人们模仿肌肉的工作原理,用包在纤维编织成的套筒里的橡胶管,或用含有纵向排列的纤维(钢丝、尼龙丝等)的橡胶管,制成了"类肌肉装置"。它可以带动残疾人的假肢,也能开动其他机器。此外,目前人们还制成了一种"肌飞器"——扑翼机,并且模仿人的膝关节和肌肉系统制成了"液压运动模型",使"机器人"像真人那样行走。

人体的大多数肌肉都是以"颉颃音肌"的形式成对地排列的。就是说,一束肌肉生长在牵引肢体向上运动的位置,而另一束肌肉则生长在牵引肢体向下运动的位置。例如,在身体前侧向下拉的那些肌肉阻止身体后仰,而后面向下拉的那些肌肉则阻止身体前倾,这种成对排列的肌肉组成了保持人体直立的颉颃肌。

研究表明,生物界的这种用两个产生拉力的"单向力装置"组成的双向运动机械系统,远比工程技术上惯用的用一个推拉"双向力装置"组成的系统优越得多。只要在成对的颉颃肌上施加不同的张力,就能使人和动物体的骨架(机械杠杆)在任何位置保持稳定。颉颃肌的杠杆,能够承受从最轻到最重的各种压力。对颔颃肌的模拟，可以圆满解决各种"机器人"、"步行机"等的行走结构的设计问题。人们研制了一种"步行机"，它有强有力的手臂和两条长腿，能越野行走、搬运重物。这种"步行机"腿长3.6米，能走斜坡、转弯、横向跨步，能跨越障碍，步行速度可达56千米/小时。操作人员做一定的动作，"步行机"就跟着做类似的动作。

根据肌肉和关节活动原理，科学家们最近研制出了一种用于森林和农田除草的"机器昆虫"。它有6条腿，每条都由压缩空气驱动，可以跨越1.8米高的障碍物。它还可以分辨树木和杂草。随着科技的发展和科学家们的精心研究，必定会有更多的意想不到的奇异的机器出现，它们将使我们的世界更加丰富多彩。

袋鼠与跳跃机

带轮的汽车在沙漠上行进很困难。但生活在广阔草原和沙漠地区的一种哺乳动物——袋鼠，却有一套快速运动的本领。袋鼠是靠强有力的后肢在沙漠上跳跃前进的，每小时可以跑上四五十千米。

模仿袋鼠这种运动方式的无轮汽车——"跳跃机"已经试制成功，它在坎坷不平的田野或沙漠地区均可通行无阻。

龙虾与天文望远镜

龙虾不仅是我们的食物，它还给了人类一个非常有益的启示。

生物学家们在研究龙虾时发现，它的眼睛与众不同。龙虾的眼睛由许多极细的能反射光的细管组成，这些细管整齐地排列，形成一个球面，当外来光接触到这个球面时，相应的细管就会感知这些光，并会产生反射，就这样，在很远的地方，龙虾就可发现它们的敌人，从而使自己能够及早逃避，保全自己的性命。

> **基本小知识**
>
> **龙 虾**
>
> 龙虾又名大虾、龙头虾、虾魁、海虾等。它头胸部较粗大，外壳坚硬，色彩斑斓，腹部短小，体长一般在 20~40 厘米，重 0.5 千克左右，是虾类中最大的一类。龙虾主要分布于热带海域，是名贵海产品。

根据龙虾眼睛的这种结构特点，美国的科技人员研制出了一种新型的天文望远镜，它可使观测范围大大增加。

以往使用的 X 射线望远镜采用的是类似人类眼球构造的结构，它的测量范围比较小，不适合大范围的天空探测，容易遗漏宇宙中突发的 X 射线变化，使人们失掉对宇宙探测的许多宝贵信息，给天文研究工作造成难以预料的损失。

目前新研制出来的 X 射线天文望远镜是由大量内壁光滑的细管组成的。这些细管整齐地排列成一个球形表面，当 X 射线到达这一球形表面时，就会射入相应的细管中，并在细管中产生反射现象，根据反射状况就可探测出 X 射线的方向、波长、强度。这种望远镜可以探测到天空 20% 的范围，大大提高了 X 射线探测的效率。

尺蠖与坦克

有种动物叫尺蠖，它前进的时候是身体一屈一伸地行动，人们模仿它的行走方式，制造出了一种带有行走机械的轻型坦克。这种坦克能够越过较大的障碍物，当它隐蔽在掩体里时，能升起炮塔射击，射击后再隐蔽起来。这种坦克的通行能力比以前的坦克提高了许多。

人类的仿生技术　　机械仿生

尺　蠖

设计人员还模仿双壳贝壳的构造，设计了流线型的炮塔，并大大降低了坦克高度。这种坦克车内的武器装备排列得十分紧密，是模仿软体动物的消化器官排列的。像软体动物吃食物那样，炮弹从弹药盒进入炮塔，而后沿类似于食道的送弹槽被送到类似于胃的炮的后部，周围的类似于消化腺的药室则可收集和排出射击时产生的火药气体。在像贝壳的顶盖下面，有两个供坦克乘员半躺的座椅。这一方案，是为解决现代坦克的重要设计问题而做出的一种卓有成效的尝试。

机器人技术

机器人这一名词最早出现于 19 世纪，但直到 20 世纪 50 年代后期，机器人才走出了科学幻想，进入了科学技术领域。那时，在市场上出现了两种机器人，一种取名为"万能自动机械"，一种取名为"通用搬运机械"，并构成了今天机器人发展的雏形。

一般说来，可以从两具有较好个角度来对机器人进行定义。从工程的角度出发，认为它属于一种自动机械，具有对环境的通用性和实用性，操作程序简便，而且可以实现独立的随意的运动。若从仿生学的角度看，则认为它是具有类似人类相当部分功能的机械，它能执行与人类似的动作，且具有类似人的某种智能，如记忆、再现、逻辑运算、学习、判断、感知等。

机器人由硬件和软件两大部分组成。为了使机器人能够从事复杂的工作，做出与人相似的一些动作，必须使它的机构和功能都具有很强的灵活性。同时，还要有能对其运动器官进行巧妙控制的软件，两者互相配合、协调运行。

古代机器人

西周时期，我国的能工巧匠偃师就研制出了能歌善舞的伶人，这是我国最早记载的机器人。春秋后期，我国著名的木匠鲁班，在机械方面也是一位发明家，据《墨经》记载，他曾制造过一只木鸟，能在空中飞行"三日不下"，体现了我国劳动人民的聪明智慧。公元前2世纪，亚历山大时代的古希腊人发明了最原始的机器人——自动机。它是以水、空气和蒸汽压力为动力的会动的雕像，它可以自己开门，还可以借助蒸汽唱歌。

从20世纪50年代以来，机器人技术已有了很大的进步，按照其功能和类型的发展，大体上可划分为以下3个时期：

第一代机器人，是使用存贮和程序控制的自动机器，在20世纪60年代初问世，即目前能够在部分使用的重复型机器人，常称为工业机器人。它的动作包括示教、存贮、再现和操作4个步骤。它是可以通过示教输入操作程序，在存贮装置内存贮一系列的操作内容，并利用存贮内容的再现，自动地重复进行工作的一种通用自动搬运机械。

它存在的问题如下：

（1）传感器与反馈问题。它一般没有触觉及反馈系统，不能用触觉去发现物体放置的位置与姿态，所以不能做出灵巧的动作。

（2）视觉问题。由于它没有眼睛，不能辨别物体的种类，不能看出零件安装位置，也不能进行视觉检查。

（3）适应能力问题。由于它只按事先存贮的程序动作，不能随环境和作业对象的变化而自动更改作业内容，几乎不能把复杂的装配作业编成程序。

（4）运动自由度问题。一般来说，这类机器人的运动自由度小，手的柔软性差，没有移动的脚。

这种机器人的最大优点在于能把人类从危险、恶劣、单调的工作环境中解放出来，做到工业生产的自动化与省力化，目前仍然得到广泛的应用。

第二代机器人与第一代的根本区别在于其智能性。它具有感觉识别和某些思维功能，并由这些功能控制动作，是具有与人类相类似智能的自动机械。其发展主要开始于20世纪70年代，主要在各种对人有害的环境中作业。它能在操作人员操纵下进行工作，或按照人的指令在未知环境中从事高水平的作业。一般把前者称为近距离操纵型机器人，把后者称为远距离操纵型机器人。

假如说在20世纪60年代主要用示教重复型机器人来做"放"与"拿"的工作，那么到了20世纪70年代，开始用智能机器人进行"寻找"与"发现"对象物，智能机器人的时代已经到来。

第三代机器人是智能机器人，它不仅具有感觉能力，而且还具有独立判断和行动的能力，并具有记忆、推理和决策的能力，因而能够完成更加复杂的动作。智能机器人的"智能"特征就在于它具有与外部世界——对象、环境和人相适应，相协调的工作机能。从控制方式看，智能机器人不同于工业机器人的"示教、再现"，不同于遥控机器人的"主—从操纵"，而是以一种"认知—适应"的方式自律地进行操作。

另外，智能机器人在发生故障时，通过自我诊断装置能自我诊断出故障部位，并能自我修复。今天，智能机器人的应用范围大大地扩展了，很多领域都已经出现了智能机器人的身影。

目前世界上已有几万台机器人，其品种和功能多种多样，应用范围相当广泛，可归纳为以下几种：

（1）危险环境条件替代作业。如在原子能生产、宇宙开发、空间飞行、海洋开发、军事工程、消防等领域。

（2）社会福利。假肢、高级作业程序及语言控制的假肢、医疗机器人、家用机器人等。

（3）生产自动化领域。工业机器人，装配、检验、系统管理机器人等。

总之，机器人的研究领域相当广泛。可以从仿生学的角度对人和动物肢体的运动学和动力学进行研究，使机器人具有类似生物运动的机构，也可以从生理学的角度对生物体的视觉、触觉和听觉系统进行研究,并作出其物理模型,以便研制机器人的理想信息处理系统,还可以采用电子计算机,进行机器人智能信息处理和肢体运动控制的研究等。

鸟与戈

大家对电视或电影中的古战争场面比较熟悉吧。万马奔腾、狼烟滚滚,士兵们高举戈矛,奋声呐喊,跟随主将出击。

戈是古代战争中一种非常重要的武器,也是最早的进攻性武器。可是,你大概不会想到,戈是我们聪明的祖先受到鸟嘴和兽角的启发制造出来的。

啄木鸟尖尖的长嘴巴是那样的锋利,可以啄穿树木;秃鹰铁钩子一样的嘴巴可以置敌人于死地;犀牛的独角让兽中之王感到害怕;斗鸡在战斗中将对手啄得鲜血淋漓,鸟嘴和兽角保护了它们自身,是它们生存的必不可少的工具。

拓展阅读

犀 牛

犀牛是哺乳类犀科的总称,主要分布于非洲和东南亚,是最大的奇蹄目动物。所有的犀类基本上是腿短、体粗壮。体肥笨拙,体长2.2~4.5米,肩高1.2~2米,体重2800~3000千克,皮厚粗糙,毛被稀少而硬,头部有实心的独角或双角(有的雌性无角)。

在石器时代,我们的祖先过着群居生活,靠打猎为生。刚开始的时候,他们围住野兽,用石块和木棒攻击野兽。但是,如果遇到巨大和凶猛的野兽,石块和木棒往往不能制伏它们。祖先们发现,禽兽们常用嘴、角进行攻击和防御,因而受到启发,开始将兽角绑在木棒上,制成兵器,这就是戈的雏形。后来,他们又用石头做成禽兽嘴或角的样子来制造戈。原始的戈虽然很粗糙,使用也不方便,但却体现了兵器制造较为先进的仿生工艺，是中国古代人的一大贡献。

◎ 钻头技术的灵感

古代动物通常在脑子和神经系统发育方面比不上现代动物，而有些方面它们却十分完善，甚至超过它们的后代。值得注意的是，在仿生学取得的成绩中，有些是利用古代残留下来或古老的动物作为模型而出的成果。例如，模仿水母制成了风暴预测仪，而水母已经在海洋里生活几亿年了。

鲸形船实际上模仿的是鱼龙类，因为在鲸出现前许久，狭鳍龙就已具有同样的体型了。同时，鱼龙是并不比海豚差的游泳能手，因其构造比海豚简单得多，就显得更容易模仿。

人们已经根据松鼠和田鼠的牙齿构造，创造出自动磨刃刀具。但是，如果这些动物与恐龙相比，却只能是十分无能的啮齿类了。恐龙是生活在距今2.2亿～7000万年前的中生代的巨大爬行类，它们曾盛极一时，成为地球表面的统治者（那时尚无人类）。

新中国成立后，在我国境内发现了许多恐龙和恐龙蛋化石。例如，1957年在四川省合川县太镇古楼山腰发现的恐龙化石，身长22米，3.5米，估计重达30～40吨。在内蒙古中部二连浩特发现的恐龙——鸭嘴龙化石，身高5米，至少重10～20吨。在它那扁平宽大的

趣味点击　奇形怪状的恐龙蛋

恐龙蛋化石的形态有圆形、卵圆形、椭圆形、长椭圆形和橄榄形等多种形状。恐龙蛋化石大小悬殊，小的与鸭蛋差不多，最大直径不足10厘米；大的长径超过50厘米。蛋壳的外表面光滑或具点线饰纹。

鸭式嘴中，长有400～500颗牙齿，它们成排地丛生在颚骨内。在鸭嘴龙的生活中，上面的牙齿磨去，下面的依次递补上去，它一生中至少要消耗上千颗牙齿！我国地质学工作者在山东省诸城县发现的一种鸭嘴龙化石，从脚趾到头顶高达8米，是目前世界上已经发现的鸭嘴龙化石中最大的一具。

在恐龙当中，有一种叫雷龙，能活 200 多岁，不难想象它在一生中要磨损多少牙齿！梘龙（一种象蹄类的恐龙）的牙齿很有趣，每一牙齿序列由相互重叠的 3 颗牙组成。在工程技术上，已依据梘龙的牙齿配置试制出"二重"钻头，使用这种钻头，可使钻探速度提高 1.52 倍。

蜘蛛仿生车

有些辛勤的昆虫，昼夜寻花采蜜，它们凭着什么样的夜视眼摸黑飞行呢？有人这样假想，它们可能装备了紫外线"雷达"。那些晚间靠昆虫授粉的花儿受了昆虫发出的紫外线照射，便会放出明亮的光芒，昆虫接受到这种回波便追踪而至。同时，人们发现，蜘蛛和它们的网在紫外线照射下却丝毫不发光，这样那些夜行的昆虫就不免自投罗网了。

蛛网一经触动，哪怕是极轻微的震动，蜘蛛腿上特别灵敏的振动传感器立即就感受到了，稳坐蛛网中央的蜘蛛，便会飞奔过去，把昆虫逮住，美餐一顿。

科学家现已探明，蜘蛛的飞毛腿根本没有肌肉，甚至连肌肉纤维也没有。最令人感兴趣的是它的跳跃不是由肌肉，而是依靠压向大腿的体液来提供动力的。蜘蛛的脚竟是一种独特的液压传动机构，在这个装置中的液体就是血液。进一步研究证明，它们依靠这种装置，能够把血压迅速升高，使软的脚爪变硬。也正是依靠这种液压传动，蜘蛛才能成为优秀的跳高运动员，它能跳到 10 倍于身高的高度。据计算，要取得这样的成绩，它们必须在刹那间把自己的血压提高半个大气压。蜘蛛脚伸展时脚爪内的张力，刚巧等于这样的压力。

受蜘蛛脚液压传动机构的启发，加拿大多伦多舞蹈学校教师高登·道顿发明了一种奇特的仿生车。这种座车采用铝和玻璃纤维做材料，由液压装置驱动，用一个模铸的座子和在臀部以及脚后跟下的一些小轮子装配而成。使

人类的仿生技术   机械仿生

用时,只要对后端和膝盖处的两个活塞中的任何一个施加压力,就可以驱动电动机使液体压入另一个活塞。如果朝后倾斜,液体就涌入较低的活塞,从而使膝盖伸展开;如向前倾则会使膝盖弯曲。虽然仅仅依靠上肢,但使用者看起来就像是在用下肢的小腿移动。

这种蜘蛛仿生车相对于轮椅来说,能给残疾者更大的活动范围。使用者坐姿很低,可以用手来推行。一位每周使用1小时的患者说:"它有点像滑冰板,不同的是你坐在上面。"有关专家认为,这种座车有助于截瘫者生长肌肉,促进血液循环。

蜘蛛机器人

擦拭清洗玻璃,可谓司空见惯的生活小事。然而,伴随着现代化的进展,大批高耸入云的建筑拔地而起,封闭式摩天大楼的玻璃清洗问题便日益突出。且不说颇费功时,单是其危险程度便不免使人望而却步了。

前不久,美国一家公司推出一种"蜘蛛人"装置,其外形与蜘蛛相仿,身躯下有6只吸脚,能在大楼外自由行走,从容跨越,更令人惊叹的是,这种"面目可憎"的"蜘蛛人",竟能按指令完成2万个动作,刮、铲、冲、洗,无所不能。回想起来,世界上第一个现代机器人"降临"人间迄今还不过30年,

拓展阅读

"Ecci"机器人

"Ecci"是"Eccerobot"的缩写,在拉丁文中的意思是"看呀!"或者"瞧!"的意思。"Ecci",是目前全世界最先进的机器人之一,也是全世界首个拥有肌肉和骨骼系统的机器人。

但已迅猛地壮大起来,并不断更新换代,向"智能化"过渡。

机器人不光在上述民用领域里大显身手,还跻身于广泛应用尖端科技的

军事领域,成为战场上冲锋陷阵、刀枪不入的"钢铁士兵"。美国奥地狄克斯公司进行多年研究,发明了"蜘蛛"式6腿机器人。这种机器人的上部是一个圆球玻璃罩,里面装有摄像机和各种传感器;下部为6条细长的有关节的腿,整个机器人的形状酷似一只6腿蜘蛛。腿部可自由地伸直和弯曲,可在平地行走,也可在普通履带车和轮式车无法行驶的地方行走,还可以攀登楼梯或斜坡。"透明脑袋"中的传感器可接收各种信息,操作人员通过无线电控制它的行动。

麦秆与自行车

当你每天早晨骑上自行车去上学或上班的时候,你是否想过自行车是什么时候出现的?设计师又是聘请了大自然中的哪位"参谋",把车架设计成空心管子的?

那还是在公元1642年,西欧某个城镇的玻璃橱窗上,第一次张贴出一幅自行车的图形,吸引了许许多多的人。过了160多年,世界上第一辆自行车才问世。1817年,德国人威廉·福克骑了一架很奇怪的二轮车在小镇的郊外滑跑。车架和轮子都是木头的,没有轮胎,没有坐垫弹簧,也没有链条和飞轮,它靠两条腿在地上蹬着车子滑行。这就是自行车的老祖宗——快步机。

麦 秆

又过了好多年,人们逐渐地加以改进,使前轮可以活动,并在轴心上安了脚镫。但前轮与后轮的大小很不相称,前轮直径有1米多,后轮才1尺多,叫人看了感到很别扭。

到了1869年，才出现了类似现在使用的比较理想的自行车。它有铁制的辐辘、橡胶轮胎，转动的部分有了滚珠轴承以及飞轮等。

近年来，许多国家先后制成了许多式样别致的自行车。例如，有的用轻金属制成折叠式的轻便自行车，车重只有几千克，不用时，折叠起来放进旅行袋里。有的还能变速，多的有10个变速挡，适合在各种道路上骑行。还有的用塑料制成，既轻便，又不生锈，还消除了因金属摩擦而产生的噪音，很受人们的欢迎。

但不管哪种自行车，车架都是用很薄的空心管子做成的。车架是自行车的骨骼，因此要求有足够的强度。人们从大自然中的麦秆那里受到了启发。一根细长的小麦秆，能够支持住比它重几倍的麦穗，奥妙就在于它是空心管子。

原来，任何一块材料遇到外力发生变形的时候，总是一边受到挤压力，另一边受到拉伸力，而材料中心线附近长度基本不变。这就是说，离中心线越远，材料受力越大。空心管子的材料几乎都集中在离中心线很远的边壁上，因此，它比一根同样重的实心棍子的刚度要大得多。

麦秆和自行车之间的关系说明了这样一个事实：人们只要虚心向生物界求教，肯定会大有收益。

人类的仿生技术

体育仿生

RENLEI DE
FANGSHENG JISHU

体育仿生学是研究如何通过深入认识生物系统的结构和功能，进行模仿、模拟或从中得启迪，并有效地应用到运动技术、运动训练、运动器械、体育建筑等方面。例如，蛙泳就是借鉴青蛙在水中游进时双腿有力地蹬夹动作演化来的。

人类的仿生技术 体育仿生

中央电视台有个收视率很高的节目——"动物世界"。它的片头字幕配了一组画面：鸵鸟与赛跑、猩猩争斗与摔跤、袋鼠打闹与拳击、鸬鹚入水与跳水、水虫与划船等等。这组画面形象地说明了人类体育运动与仿生的关系。

把一只猫举到半空中，腹部朝上，然后撒手扔下。我们看见猫在空中几经翻腾，最后四肢朝下着地，仍保持通常在地面的正常姿势。猫的这种特性就称做"猫式转体"。无论跳水运动员在空中做出多么复杂的空翻、转体动作，但在入水时，必须保持同一规格的入水姿势。这和猫的上述运动节奏极其相似，这就是"猫式转体"在跳水运动中的运用，也就是体育运动中的仿生。模仿某些动物的形体动作，来达到强筋健骨、延年益寿、护身防卫、美化形体和提高运动技术水平等目的，是体育仿生的内容。

猫

蝶泳运动员在比赛中破浪疾进的精彩表演，犹如飞鹰击水。蝶泳运动员的双臂像蝴蝶翅膀那样摆动划水。蝶泳又叫作海豚泳，是指运动员的身体在水中像海豚一样摆浪前进。美国电视剧《大西洋底来的人》中的麦克·哈里斯，他那优美的泳姿正是海豚在水中前进的身体动作，集"飞鹰"、"彩蝶"、"海豚"3种动物形象于一身，高度和谐地表现了

你知道吗

短跑运动员为什么要弯腰起跑

过去，所有的短跑运动员都是站着起跑的，1888年，澳大利亚短跑运动员舍里尔在观察袋鼠奔跑时，发现它在起跑前总是先弯下身体，几乎贴到地面，然后闪电般地向前蹿出。他模仿袋鼠弯腰起跑的姿势，果然一鸣惊人，战胜了所有的对手。

运动员健、力、美的英姿。

又如蛙泳是借鉴青蛙在水中游进时双腿有力地蹬夹动作演化来的。青蛙腿对水面蹬夹很大时，水给青蛙腿的反作用力也很大，是一种费力小而作功大的形体动作。人的两膝和双足只要很好地外展和外翻，似青蛙一样增大，那么游泳就可以既省力又快速，所以蛙泳常被运动员作为长游的一种泳姿。"蛙跳"则是采用青蛙在陆上跳跃姿势而设计的一种身体训练手段，这种训练手段既不需要器械，又不强调场地条件，对增强运动员的腿部（尤其是大腿的各肌肉群）力量极其有效，锻炼价值又高。所以，青蛙的水、陆两种形态动作，已充分地被体育仿生学所摄取了。又如奔驰在原野上的野鹿和骏马，它们是何等的矫健、敏捷，那行如疾风的奔驰形态，吸引了许多体育行家去研究马、鹿前蹄在奔跑中的着地及"刨"的动作，并将仿生化入短跑运动员的教学训练中，模仿跑鹿和奔马前蹄快速、敏捷的"刨"的动作，从而增快了跑的频率，提高了跑进的速度。仿生确实能促进体育运动技术水平的提高。

体育仿生

"海阔凭鱼跃，天高任鸟飞"，美丽的大自然景象，不知勾起了多少艺术家的创作灵感啊！在银幕上，在舞台上，在运动场上我们同样可以见到这种"海阔凭鱼跃"的生动场面。在京剧和舞剧的武打中，"鱼跃"满台蹿蹦，令人目不暇接。在体育场上，"鱼跃前滚翻"就是小学生们学习的垫上运动。在体操和武术比赛中，我们也能看到

拓展阅读

"挺身式"跳远

20世纪30年代，日本著名跳远运动员南部中平，观察到猴子在树间飞跃时总是向上舒伸双臂，于是，他把猴子这一姿势移植到跳远的腾空动作中，并命名为"悬挂式"。这姿势现在仍在田坛上流行，但名称已改为"挺身式"了。

"鱼跃"。然而最精彩的"鱼跃"镜头，却要数激烈的排球比赛了。尤其是那即将落地的死球，经运动员在坚硬的场上，做出高、难、惊险而漂亮的"鱼跃"扑救化险为夷时，简直令人目眩神往。

体育仿生在我国有着悠久的历史,最早是用于养身防病方面。"导引"是目前发现的最早的一种仿生保健体操,据《吕氏春秋》和《路史》记载,为消除疾病,当时有人跳起一种舞,可"利关节",对病症能"宣而导之"。这些舞蹈动作,就是古代的导引术。长沙马王堆汉墓出土的墓帛画"导引图",清晰地描绘出我们祖先早在2000多年以前从事保健体操的神态。其中的"熊经鸟伸",如熊类攀树而自悬,似飞鸟凌空而伸展,深刻地道出了"导引",这一仿生体育功法的意义。还有一种流传至今的"五禽戏",相传为汉末名医华佗创编,它是在"导引"的基础上,包容了虎、鹿、熊、猿、鸟5种禽兽形体动作的健身运动,更系统、全面地锻炼了人身各部分的器官组织。虎戏威武勇猛,可使肢体粗壮长力;鹿戏舒经展脉,使腰日趋灵活;熊戏沉稳有势,促进血脉流畅;猿戏轻盈敏捷,有助于四肢灵便;鸟戏轻翔轻落,给人宁神自怡。

武术是我国宝贵的文化遗产。在武术的各派拳路之中,几乎无不包含仿生的内容。许多步势与功法,酷似动物的形态。有的动物善跑,有的善攀善飞,有的善咬善抓善厮打。它们所特有的一些争斗本领,就被武术模仿成了蹿蹦、腾、挪和踢、打、摔、拿。各派武门将某些动物的形态动作汇入自家功法之中,手、眼、身、法、步均有仿生的内容,诸如"金鸡独立"、"鹞子翻身"、"白鹤亮翅"、"饿虎扑食"、"猿猴登枝"、"狮子滚球"、"蜻蜓点水"等等。此外,武林仿生还汇入了许多植物的生态形状,如"风摆荷叶"、"古树盘根"、"顺风扫莲"、"金花落地"、"腋底藏花"等等。还有些拳术及兵器功法,如"猴拳"、"猴棍"、"蛇形拳"、"龙凤双剑"等,更取名于动物。

威震世界田坛的中国"马家军"教头马俊仁,就是从鹿的矫捷奔跑的姿势受到启发。他认真研究了鹿的每一个动作,并将其融合于训练中,使中国的中长跑一鸣惊人,震惊了世界,为中国争了光。综上所述,可见体育仿生在使人强筋健骨、延年益寿和提高运动技术水平方面,具有显著的功效。

人类的仿生技术

未来的仿生之路

RENLEI DE
FANGSHENG JISHU

仿生学是一门新兴学科,从诞生、发展,到现在仅有几十年的时间,虽然已经取得了一些成就,但其研究和应用的广度和深度远远不够,在很多方面还很浅显。例如,在生物工程和遗传工程方面的仿生研究还处在起步阶段,尚需要投入更多的精力,因此,人类仿生学之路还很漫长。

仿生学向生物工程进发

◎ 生物工程技术的广阔前景

近年来，人类生活中出现了一种新的完全出乎意料的助手——微生物。以前，人们一听到"微生物"这个词，就会想到可怕的传染疾病的细菌。但是，现在已经弄清楚，这些极小的微生物不仅能"生产"疾病，而且能"生产"食品、药品、稀有物质乃至能代替石油的燃料。现代微生物学的成就，是科技革命的一个极其重要的方面。有人甚至说，一个在世界上结束粮食匮乏现象的新纪元即将到来。

采用微生物的范围包括食品工业、医疗保健、动力技术、化学工业和其他许多部门。事实上，面包、葡萄酒、啤酒等就是微生物发酵的产物。就在不久以前，人们用微生物制出了抗生素和维生素。

你知道吗

最大和最小的微生物

目前世界上已知最大的微生物是1997年在纳米比亚海岸海洋沉淀土中所发现的呈球状的细菌，直径100～750微米。目前世界上已知最小的微生物是一类介于细菌和病毒之间的单细胞微生物，大小约为100纳米。

◎ 从石油和天然气中制取食物

研究微生物利用的首要任务是从单细胞有机体（酵母或细菌）着手制取蛋白质。这些有机体可以在石油中有效地发育。这样培养的作物可获得60%～70%的蛋白质，构成蛋白质的氨基酸适用于动物性食品，换言之，从石油中可以制取肉的代用品。为了降低成本，现在又发明了一套工艺，从甲基醇（甲醇）中生产蛋白质，而甲醇则可从像木材、煤炭、天然气这样"原始的"

产品中制取。

在用甲醇生产蛋白质时,会得到60%以上蛋白所用的酵母。此外,这种蛋白质的质量高,可以极好地作为补充食品。初步考察已经证明,这些产品的营养像鱼粉、豆粉那样丰富。

利用在生产过程中产生的污染环境的一些废物来制造这种蛋白人工食物引起了人们很大兴趣,例如,造纸厂的废水污染环境是个老大难问题,如果这个问题能解决,既能提供丰富的营养食品,又解决了环境污染问题,真可谓一举两得了。

◎ 鲜花盛开的无肥田野

在农业上采用微生物,可以改进植物消耗氮的能力而直接从空气中吸收。这就是说,使植物长得很好,土壤中不施氮肥也可以,而生产氮肥要消耗大量能源(生产1吨氮需要1吨燃料)。

过去施的氮肥只为一部分植物所吸收,其他部分被雨水冲走,造成水库河流污染。因此,直接吸取空气中的氮无疑是最理想的,并能提高生物固定氮的能力。

生物固定氮的作用是由于同某些细菌共生的缘故。根瘤菌就能有效地固定氮,根据植物的种类和土壤的性质,这种共生每年在1公顷土地上能够固定40～400千克氮。在下一茬大面积种植其他作物,特别是粮食作物实行轮作制时,可以大大减少对土壤的施氮肥量。到那时,在鲜花盛开、五谷茂盛的田野上,将看不到施肥工人了,这是一幅多么诱人的前景!

◎ 微生物是药剂和除害灵

在微生物利用方面,人们已经学会在发酵过程中制取各种抗生素和维生素。研究人员借助于"天才的工程学"可以提取很复杂的物质:激素、抗病毒剂、免兴奋剂及类似物质。而用目前常规的方法生产这些物质需要消耗大量像胰岛素这样价格昂贵的东西。借助干扰素微生物制取抗病剂的前景更是令人感兴趣，这种制剂可能有最广泛的用途。

> ### 知识小链接
>
> #### 抗生素
>
> 抗生素是由微生物（包括细菌、真菌、放线菌属）或高等动植物在生长过程中所产生的具有抗病原体或其他活性的一类次级代谢产物。目前已知天然抗生素有万余种。

在杀虫剂方面，利用微生物的前景也十分乐观。大的自然灾害往往造成以植物为食的幼虫和毛虫大量繁殖和泛滥。过去，对待这些虫灾的主要办法是化学杀虫剂，不仅费用大，还对环境造成污染。现在，生物杀虫剂已发明并开始使用。与化学杀虫剂不同，生物杀虫剂不污染环境，而且完全是无害的。

目前，正在探索更活跃细菌的变种，并以此为基础制造效果更高的杀虫剂。生物杀虫剂也能消灭疟蚊和其他病原体。

现代微生物学还在一些领域得到意外的应用。美国有个铜矿，用生物洗矿法每天从25万吨矿石中提炼出150吨铜。这种方法是用微生物饱和的液体冲洗矿石，最后使和金属构成的硫的化合物变成沉淀的硫酸铜。这种已为我国所采用的方法具有广阔的前景，因为用这种方法可以最低的动力消耗从贫矿或副产品中提炼出金属。生物工程学应用的领域就是如此广泛。

新时代的疾病克星——生物医学工程

生物医学工程学是一门具有高度综合性的学科。它运用自然科学和工程技术的原理和方法，从工程角度认识人的生理、病理过程，并从工程角度解决防病治病问题。它涉及的范围很广，包括数学、物理学、化学、生物学等基础学科，也包括声、光、磁、电子、机械、化工等工程学科，而它应用于医学又遍及基础医学、临床医学和预防医学的各个学科。

◎ 生物电学

生物电学是研究生物和人体的电学特征——生物电活动规律的科学。生物电学研究是深入认识人体生理活动规律和病理、药理机制的基础之一，同时也为医学的临床诊断和治疗不断研究出新的方法和技术。

对人体和生物电活动的研究已有很长历史。当前，在各种学科协作配合下，一方面，对生物电产生机制和活动规律的研究已深入到生物大分子的水平；另一方面，在临床医学应用上许多新技术和新仪器不断地被创作出来。

人体要维持正常的生命活动，就需要在体内及与周围环境不断进行物质的交换、能量的转化及信息的传递，这一切过程都离不开生物电活动。举一个例子，一位路上的行人，看到一辆汽车迎面驶来，就急忙躲避，这一简单动作就包含了一系列复杂的生物电活动。首先，由汽车反射的光线通过眼球进入视网膜，光引起了视细胞上蛋白质分子构像变化，把光能转换成电能，使视细胞膜发生周期性的同位变化，形成可传播的电信号——动作电位。

经过视觉神经把汽车的位置、运动状态等各种信息输入到中枢神经，在大脑中经过亿万个细胞的电活动，对所输入的信息进行分析、综合、判断，作出需要躲避的决定，然后，把动作指令以发放序列动作电位的方式经运动神经传送到腿部，通过神经—肌肉接头，由动作电位引起肌纤维的收缩运动，并使许多肌肉发生协调动作，从而实现了躲避汽车的主观行为。

人体内充满了电荷，但大部分不能像金属中的自由电子那样在导体中快速运动，而是以离子、离子基因和电偶极子的形式存在。例如，组成蛋白质的 20 种氨基酸中，有 13 种氨基酸在水中能产生离子基因或表现出电偶极子特性，遗传物质 DNA 大分子也存在离子基因和偶极子。正是靠着这些电的相互作用，才能使生物大分子保持一定的空间构像，行使特殊的生命功能。例如，遗传密码的复制、生物大分子的合成、新陈代谢过程中酶和底物的诱导——契合作用等，都依赖于离子基因和偶极子的电的相互作用。目前，对这种相互作用的具体细节和规律尚了解不多。

> **知识小链接**
>
> **氨基酸**
>
> 氨基酸是含有氨基和羧基的一类有机化合物的通称，是生物功能大分子蛋白质的基本组成单位，也是构成动物营养所需蛋白质的基本物质。

在一些生命活动中，存在着瞬时的电子输送过程。例如，人体细胞内合成ATP以储存能量的过程中出现电子沿着分子链传输的现象。在外界能量（如辐射）作用和体内能量转化过程中，都能瞬时产生自由电子和质子（氢离子），它们在水溶液和大分子之间运动，完成某些功能或损害正常的生命活动。

各种无机离子在人体内大量存在，参与各种各样的生命活动。它们有的被束缚于一些生物大分子上，成为大分子的活性中心。还有许多种离子分散在体液、血液和细胞内、外液中，它们一方面保持着人体碱度的平衡，保证细胞有正常的生存环境，同时执行着调节生命活动的使命。另外钾，钠，钙等离子是心脏、神经系统和骨骼肌、平滑肌等组织和器官电活动的基础，由于这些离子在细胞膜内外分布不平衡，导致细胞膜两侧的正、负电荷不相等，使膜呈现出外正内负的电位差。在各种刺激作用下，膜对离子的通透性会发生瞬时变化，使不同的离子发生跨膜输运，由于输运的时间、数量和方向不同，造成细胞膜内外电位差发生脉冲式的变化，即产生动作电位。

人体内的水分子利用其电偶极子的特性，影响着许多生物大分子的结构和功能。水也和溶液中的离子发生电的相互作用，使离子外包围着若干层的水分子，称为水合作用。这些离子直接参与某种生命活动时，有的需要这些水分子同时存在，有的则需要摆脱掉水分子的电的影响。

综上所述，人体各种电特性和电活动，主要是生物大分子、离子、水和少量瞬态的自由电子的电学特性及其运动产生的，对它们的特性和功能的研究，是当前有关学科的重要前沿课题。

生物回授疗法

认识了生物电之后，人们在医疗上就能很好地利用它；像电脑图、心电图等都是。现在，国外非常时兴的"生物回授疗法"，也是根据人体生物电来进行体内功能自我调节的一种新疗法。这种疗法靠一台叫"生物回授计"的仪器利用人体生物电来反映情况，使人判断出自身机能的状况，进行自我调节，从而治疗植物神经系统功能紊乱的各种疾病，像神经衰弱、偏头疼等，例如，当一个人由于神经紧张而引起偏头疼时，脑部往往大量充血，脑部生物电压也相应增高。这时，只要用一个热敏电阻绑在食指上，通向生物回授计，然后排除杂念，回授计显示盘上的数字就逐渐上升，这说明电流开始向四肢调节，食指部的生物电压升高，脑部的下降，一会儿头就不疼了。

人体器官电活动图

由兴奋性细胞组成的人体组织和器官，如脑、心脏、骨骼肌和平滑肌、视网膜等，在生命活动中，由于细胞动作电位不断地发生和传播，从而形成复杂的电流回路和电场分布。我们可以在这些组织和器官所在部位的体表测量出一定的电位变化，为了解该组织和器官的生理和病理提供重要的信息，下面分别说明一些组织和器官电活动图产生的原理、测量方法及在临床医学上的应用。

心脏有节奏的收缩扩张，受位于右心房的特殊肌细胞的自发兴奋的电信号控制，即窦房结以大约72次/秒的频率进行自发专极化活动，所产生的动作电位通过神经传导到两个心房，使心房肌细胞专极化引起心房收缩把血液注入心室；接着动作电位传播到房室结，被送到两个心室，使心室肌专极化发生收缩运动，推动血液进入体循环和肺循环，并按此顺序周而复始。同时，窦房结的起搏频率还受植物神经系统的调控，根据身体内和外部的刺激作出反应，使起搏频率加快或减慢。

1876年心脏收缩时伴有电反应现象被发现，这种电反应的复杂形式不同于骨骼肌电反应形式，引起了大家的注意。心脏在跳动时甚至在皮肤表面上也能产生1~2毫伏的电压。1903年弦线电流计问世，促进了心肌动作电流的深入研究。借助弦线电流计可以记录整体内心脏电活动，并在临床上迅速获得广泛的应用。爱因索文为测定心脏动作电流确定了3种标准导程：右手—左手；右手—左脚；左手—左脚。

知识小链接

肌细胞

肌细胞亦称肌肉细胞，是动物体内能动的、收缩性的细胞的总称。肌细胞内含有肌原纤维，形成显微镜下所见的纵纹。肌细胞能缩能舒，不同于其他所有组织，是机体器官运动的动力源泉。

3种导程记录出的心脏电活动由许多波组成，按各波先后出现的顺序分别命名为P波、Q波、R波、S波、T波。这一系列的电位变化称为心电图（缩写为ECG）。其中P波代表左、右心房肌兴奋产生和体表电位变化，由于兴奋中窦房结向心房各处扩布时电势方向不同，互相抵消甚多，故波形小而圆钝。

P~R间期或P~Q间期代表心房开始兴奋到心室开始兴奋所需时间间隔，一般为0.12~0.2秒。QRS波群代表左、右心室肌兴奋传布过程中的体表电位变化，波群的时程代表肌兴奋传布所需的时间，为0.06~0.1秒。在兴奋由心房传到房室结再经房室束下传的一段时间内，心电图记录不到电位变化，只有当室间隔左侧开始专极化并向其右和上方传布时，可记录到Q波。

随后，兴奋继续向心尖部分传布，并从心室壁内膜向外膜传布，对应的电势向量由心房指向心尖，可记录到向上的高 R 波。最后兴奋传到左心室后侧底部与室间隔底部时，电势向量指向心底，记录到向下的 S 波。S～T 段正常时接近一等电位线，这段时间反映心室各部分均处于兴奋状态。S～T 段与等电位线的偏移称为损伤电位，是心肌受损伤的反映。T 波反映心室复极化过程的体表电位变化，T 波一般向上这一事实反映了心室先兴奋的部位后复极化，而后兴奋的部位先复极化。为适应临床上对心脏疾病的诊断和心脏功能的监护、遥测，近年来已研制出了许多成套的心电监测自动化仪器设备。关于心电图异常与各种心脏疾患的关系，临床医生已积累了十分丰富的诊断经验和资料。

　　肌肉的一个运动单位包括来自脑干或脊髓的单个分支的神经元和 25～2000 个肌纤维。神经元通过运动终极的肌肉细胞连接，当神经元把脑或脊髓发出的动作电位传到肌细胞后，使肌细胞专极化并产生收缩。用同轴针形电极插入皮下，可测量单个运动单位的电活动，若用面电极放在皮肤上，测得的是多个运动单位的电活动。当肌肉放松时，肌电图上只有人体或仪器的干扰和噪音，肌肉轻度用力时，肌电波是分立的；肌肉强直收缩时，由于参与活动的运动单位多，频率增高，各波形互相干扰，不再能分辨单个肌电波。

知识小链接

肌电图

肌电图是应用电子学仪器记录肌肉静止或收缩时的电活动，以及应用电刺激检查神经、肌肉兴奋及传导功能的方法。通过此检查可以确定周围神经、神经元、神经肌肉接头及肌肉本身的功能状态。

　　除记录自发肌电活动外，用电刺激肌肉运动单位也可得到肌电图。其优点是：刺激时间确定，所有肌纤维几乎能同时起动，也可电刺激传感神经，将信息传入中枢神经，再通过观察肌肉的反射反应来研究反射系统的功能。肌电图（EMG）是临床神经生理学检查的重要方法之一，在神经、内科、骨

科、职业病诊断和运动医学等方面有广泛用途。

脑包括大脑、小脑和脑干。大脑两个半球表面的一层结构叫大脑皮质，是人类进行思维活动的物质基础。大脑皮质是灰质，由神经元组成，这些神经元分别集中形成各种神经中枢，例如听、视、语言、感觉等神经中枢。神经中枢的基本活动形式是反射活动。脑电波（缩写为 EEG）是神经中枢细胞在反射活动中有节律的交变放电，是神经细胞电活动的综合。在大脑皮质中产生的电位要经过脑脊液、脑膜、头盖骨、皮下组织等传到头皮表面。在头皮表面放置电极，可探查出大量脑细胞电活动形成的电位或电位差随时间的变化。

关于大脑皮层上电活动的发现，起始于 1875 年俄国人达尼里夫斯基，他用声音刺激狗的听觉器官时，首次观察到狗的大脑皮层上出现生物电流。同年美国人卡通也发现暴露的兔脑上能产生电变化。

1924 年德国人伯格用两根白金针刺入精神病患者的头皮并与颅骨相触，记录到了人类的首例脑电图。到 20 世纪 30 年代后期，脑电图技术开始应用于临床，记录方法也不断改进。将电极置于头皮之上便可记录出脑电图。

大脑的结构和功能十分复杂，对脑电波与各种脑细胞电活动的明确对应关系目前所知不多。因此，为了给基础研究和临床诊断提供更多的信息和依据，近年来国内外已广泛开展了脑电波信号分析和信息提取的研究。这种研究以信号处理的方法原理为依据，利用计算机为工具，设计出各种程序进行分析、处理和运算，以期得出有价值的结果。

◎ 生物磁学

相对于生物电学，生物磁的研究是近代才开始的，尽管人们熟知电与磁的孪生关系，而且预言生物磁信号肯定是存在的，但是直到 1963 年才由锡拉丘兹大学的鲍列和麦克菲第一次从人体上探测到小磁场。可见，生物电信号的首次记录（1875 年）与生物磁信号的首次记录相比，后者落后，主要是由于生物磁信号极其微弱，而且往往深深地埋藏在环境磁噪音之中，测量仪器的分辨率长期达不到要求，随着科学技术的逐渐发展，问题才逐步得到解决。

> **基本小知识**
>
> **生物磁学**
>
> 生物磁学是研究生物磁性和生物磁场的生物物理学分支。通过生物磁学研究，可以获得有关生物大分子、细胞、组织和器官结构与功能关系的信息，了解生命活动中物质输送、能量转换和信息传递过程中生物磁性的表现和作用。

迄今为止探测到的生物磁场有心磁场、肺磁场、神经磁场、肝磁场、肌磁场、脑磁场等。

生物磁场的来源主要有以下几种：

（1）由自然生物电流产生的磁场。人体中小到细胞、大到器官和系统，总是伴随着生物电流。运动的电荷便产生了磁场。从这个意义上来说，凡是有生物电活动的地方，就必定会同时产生生物磁场，如心磁场、脑磁场、肌磁场等均属于这一类。

（2）由生物材料产生的感应场。组成生物体组织的材料具有一定磁性，它们在地磁场及其它外磁场的作用下便产生了感应场。肝、脾等所呈现出来的磁场就属于这一类。

（3）由侵入人体的强磁性物质产生的剩余磁场。在含有铁磁性物质——粉尘的环境中作业的工人，呼吸道和肺部、食道和肠胃系统往往被污染。这些侵入体内的粉尘在外界磁场作用下被磁化，从而产生剩余磁场。肺磁场、腹部磁场均属于这一类。

生物磁场一般都是很微弱的，其中最强的肺磁场其强度也只有 $10^{-11} \sim 10^{-8}$ 特斯拉数量级；心磁场弱一些，其强度约为 10^{-10} 特斯拉数量级；自发脑磁场更弱，约为 10^{-12} 特斯拉数量级；最弱的是诱发脑磁场和视网膜磁场，为 10^{-13} 特斯拉数量级。周围环境磁干扰和噪声比这些要大得多，如地磁

场强度约为 0.5×10^{-4} 特斯拉数量级；现代城市交流磁噪声高达 $10^{-8} \sim 10^{-6}$ 特斯拉数量级。若距离机床、电磁设备、电网或活动车辆较近，则磁噪声会更强。

◎ 生物磁场及其医学应用

心磁场

心脏的心房和心室肌肉的周期性收缩和舒张伴随着复杂的交变生物电流，由此而产生了心磁场。上面提到1963年首次测得人体心磁场，其强度为 10^{-10} 特斯拉。其随时间的变化曲线称为心磁图（MCG）。

心磁图与心电图在时间变量与波峰值上有相似之处。测量心磁图时需要将磁探头放在心脏位置的胸前，随着位置的变化记录所得MCG各成分亦有所不同。心磁图与心电图相比有一些明显的优点。首先，测心磁图时不必使用电极就可测得生物组织的内源性电流，这是在身体表面直接安放电极所不能的；其次，在心磁图上可呈现出心电图尚不能鉴别的异常变化；再者，测心磁图时不必与皮肤接触，也不用参考电极，不会出现由此而产生的误差。

脑磁场

脑细胞群体自发或诱发的活动，产生复杂的生物电流，由此产生的磁场叫脑磁场。1968年α节律脑磁场随时间的变化曲线被测得，称为脑磁图（MEG）。脑磁图比脑电图有许多明显的优点。

首先，脑磁图既不需要参考点，也不需要与皮肤接触，不会出现由此引起的误差。由于头盖骨有很高的阻抗，常使脑电图模糊不清，但脑磁图是穿透的；另外脑磁图能直接反映脑内场源的活动状态，特别是能显示出脑深层场源的活动状态，对脑磁图求逆更能准确确定场源的强度和位置。

肺磁场

心磁场和脑磁场属于内源性磁场，而肺磁场则属于外部含有铁磁性物质的粉尘侵入人体肺部在磁化后所产生的剩余场。测量肺磁场时，首先应清除人身上的铁磁性物质，如手表、纽扣等；再将受试者胸部置于数十毫特斯拉磁场中进行磁化；然后立即到磁强计探头处进行测试。肺磁场是1973年美国麻省理工学院的科恩首先探测出来的。

20世纪70年代后期至今，日本、加拿大、芬兰和我国都开展了一系列研究工作。肺磁场的研究之所以受到人们的重视，一个直接的原因是在医学上的重要应用。

众所周知，职业性尘肺痛诊断的唯一有效手段是X身线法。但此法属于影响像学，一般来说只有粉尘与肺组织形成生化反应而导致病变的才能检查出来。肺磁法则属于含量学，只要肺部积存一定量的粉尘，不管侵入的时间长短都能被检测出来，这就意味着对那些虽积存一定粉尘但尚未构成病理改变的早期病人也能检查出来，从而进行早期预防，这对防止某些职业性尘肺病的发生有着重要意义。

◎生物医学材料与人工器官

生物医学材料是指能植入人体或能与生物组织或生物流体相接触的材料；或者说是具有天然器官组织的功能或天然器官功能的材料。近年来，器官移植虽然取得了巨大的进展，但排异反应和器官来源涉及的法律问题仍是需要解放的难题。因此，医学界对生物医学材料和人工器官的要求日益增加。

古代人类只能用天然材料（主要是药物）来治病，包括用天然材料来修复人体的创伤。例如，公元前3500年，古埃及人用棉花纤维、马鬃等缝合伤口；墨西哥印第安人用木片修补受伤的颅骨。公元前2500年中国的墓葬中发现有假牙、假鼻、假耳。1588年，人们用黄金板修颚骨；1755年，用金属在体内固定骨折；1809年，有人用黄金修复缺损的牙齿；1851年，发明了天然橡胶的硫化方法后，采用硬胶木制作人工牙托和颚骨。

最近几十年来，生物医学材料和人工器官的研究有了较大的进步，在很大程度上应归功于高分子材料科学和工业的发展。1936年发明了有机玻璃，很快就用于制作假牙和补牙；1943年，赛璐珞薄膜开始用于血液透析；1950年开始用有机玻璃做人工股骨头。20世纪50年代，有机硅聚合物开始应用于医学，对人工器官的研究起了促进作用。特别是20世纪60年代以后，具有各种特殊功能的高分子材料不断被研制出来，一部分从事高分子科学的人员也把研究方向转向生物医学高分子材料方面。在发达国家，用高分子材料制造医疗用品已十分普遍。1976年美国医用塑料的消耗量占当年塑料消耗量的4.4%，达53.6万吨。同年，日本用于医疗一次性使用的塑料制品达1万吨。仅美国和欧洲，每年用于人体自然缺陷和损伤的修复植入材料就有四五百万件，每年有上百万病人在用人工器官。全世界有6万人靠人工肾维持生命，美国和德国每百万居民中有超过500人的心脏病患者要植入心脏起搏器。在美国，每年有3.5万人安装人工心脏瓣膜；有18万人植入人工血管；有12万人安装人工髋关节；有10万人注射有机硅隆胸美容。人工器官和以高分子材料为主的生物医学材料已开始成为一个新兴的工业门类。

人工肺

人工肺又名氧合器或气体交换器，是一种代替人体肺脏排出二氧化碳，摄取氧气，进行气体交换的人工器官。以往仅应用于心脏手术的体外循环，需和血泵配合，称为人工心肺机。20世纪70年代初，已将人工肺作为一个单独的人工器官进行研究。因它可以不用血泵而进行部分呼吸支持，并且有植入性人工肺的实验报告。

目前，用于心脏手术的人工肺大部分采用一次使用的附有热交换装置的鼓泡式人工肺。这种人工肺已趋成熟，在国内外得到广泛的应用。早在1882年人类首次提出在体外静脉血内通入氧气使血液氧合的设想，随后分别采用转碟和鼓泡的方式使血液得到氧合，从实践上证实该设想是切实可行的。1953年人类首次采用静立垂屏式人工肺进行体外循环，成功地开展了心房间隔缺损的修补手术，建立了现代人工心肺和体外循环的概念。此后各种类型的人工肺相继问世。随着高分子化学的飞速发展，为研制膜式人工肺提供了大量可选用的膜材料和新技术。

1960年人类用硅胶为原料试制出膜式人工肺，具有较强的气体转输功能，适宜长期体内循环。而后，又有不少学者从血液动力学角度进行研究，以期获得符合生理性能、功效更佳的人工肺。

目前人工肺基本上可分为4种：静立转屏式、转碟式、鼓泡式和膜式。

人工心脏

人工心脏是在解剖学、生理学上代替人体因重症丧失功能不可修复的自然心脏的一种人工脏器。人工心脏分为辅助人工心脏和完全人工心脏。辅助人工心脏有左心室辅助、右心室辅助和双心室辅助，以辅助时间的长短又分为一时性辅助（2周以内）及永久性辅助（2年）两种。完全人工心脏包括一时性完全人工心脏、以辅助等待心脏移植及永久性完全人工心脏。要想制成具有自然心脏那样精确的组织结构、完全模拟其功能的人工心脏是极不容易的，需要医学、生物物理学、工程学、电子学等多学科的综合应用及相当长时期的研究。

从广义及泵功能这一角度考虑、人工心脏研究可以回溯到体外循环的动脉泵，即1953年医学家将体外循环应用于临床。心肺机利用滚筒泵挤压泵管将血泵出，犹如自然的搏血功能进行体外循环。而人工心脏这个血液泵恰是受此启发而开始研究的。1957年美国医学家将聚乙烯基盐制成的人工心脏植于人体内生存1.5小时，以此为开端展开了世界性人工心脏研究。1958年

拓展阅读

人工起搏器

人工心脏起搏器实际上是人工制成的一种精密仪器。它能按一定形式的人工脉冲电流刺激心脏，使心脏产生有节律的收缩，不断泵出血液以供应人体的需要。一旦心脏病患者出现异常情况，人工起搏器可以"领导"心脏进行有规律的跳动，从而帮助患者免除各种心脏疾病（导致的心悸、胸闷、头晕甚至猝死等病症。

日本及前联邦德国均设立了专门研究中心。1964年科研人员利用人工心脏使小牛生存24小时。1966年医学家将人工心脏用于瓣膜置换病例，辅助数小时。1968年开始临床研究，1969年动物实验生存记录为40天。同年又进行了第一个临床病例，植入一时性完全人工心脏后因合并症死亡。1970年用动物实验生存100天。1973年以后，动物实验成活率迅速上升。1976年试验牛成活89天、122天；1980年度美和彦试验山羊生存232天、242天、288天；1982年12月1日使其存活了112天，美国盐湖城犹他大学医学中心人工心脏研究小组为一患者植入完全人工心脏。

世界上虽已进行了几例完全人工心脏临床应用，但目前人工心脏仍处于动物试验为主的研究阶段。但已有的临床应用表明，完全人工心脏能代替自然心脏功能，用其维持较长时间的循环是可行的，其前景是乐观的。1950年以来，由于高分子化学的发达，促进了合成高分子材料的研制，因此，在20世纪50年代末60年代初，采用高分子合成纤维编织人工血管，经实验研究而用于临床，到目前为止，世界各国已普遍采用。

目前用机器编织的人工血管有两种：一种是平织，又称机织；另一种是针织，又称线圈编织。最初的材料为尼龙，后因其稳定性差，在机体内易被破坏，缺点很多而被废弃。目前普遍采用的人工血管材料为涤纶及聚四氟乙烯，大多数使用的是针织人工血管。1960年以后，国际市场上出售无缝带有皱纹加工的人工血管。

人工血液

近年来由于外科手术技术日益成熟，输血用血液也愈感不足，迫切需要研制代用品。血液由有形成分及无形成分组成，其主要生理功能是携氧、运输氧和营养物质，清除二氧化碳和代谢产物以及免疫防御等。多年来曾研制了血浆、血浆成分的制品及各种血细胞悬液，以期合理而节约地使用血液。其后又研制了许多种血浆代用品，目前广泛使用的有右旋糖酐、明胶代血浆和羟乙基淀粉。它们都是胶体溶液，其扩充血浆容量的效果显著，但均不具备血液气体交换的主要功能。

> **知识小链接**
>
> **血浆**
>
> 血浆是血液的重要组成部分，血浆的主要作用是运载血细胞，运送维持人体生命活动所需的物质和体内产生的废物等。血浆的化学成分中，水分占90%～92%，其他约10%以溶质血浆蛋白为主，并含有电解质、营养素、酶类、激素类、胆固醇和其他重要成分。

输血时配血费时又易发生错型，此外由于输血而传播肝炎及艾滋病的危险也无法妥善解决，故而有待研制出既可携带又无毒害的人工血液，这对平时和战时的医疗来说都是极为重要的课题。

近几十年来，世界各国在人工血液方面做了不少研究工作。这里仅以氟化碳乳剂人工血液加以介绍。

1966年Clark等发现，美国3M公司所制的全氟碳化合物，对氧的溶解度约为水的20倍，携氧能力为血红蛋白的数倍，在氟碳化物F×80中给予一个大气压的氧，小鼠得以生存。

1967年Sloviter等使用以白蛋白为稳定剂的全氟碳化合物乳剂对大鼠实行脑灌流成功。

1968年Geger等以全氟三十胺乳剂给大鼠进行血液交换接近100%，大鼠生存8小时。其后Clark动物试验心脏灌流成功。

1970年光野、火柳等以狗试验，用氟碳化合物作为90%血液交换，生存1年以上，这是在动物中以人工血液进行全血交换的第一次成功。其后火柳等与日本绿十字中央研究所共同研究达11年。初期研究全氟碳化合物乳剂的携氧及二氧化碳能力，并可保持离体器官组织较长期存活；后期研究活体输入全氟碳化合物乳剂，力求减少副作用。经反复改进，在猴体内进行99%的换血,无一例失败,全部长期存活。

人工肾

人工肾是一种替代肾脏功能的装置,主要用于治疗肾功能衰竭和尿毒症。它将血液引出体外,利用透析、过滤、吸附、膜分离等原理排除体内过剩的含氮化合物、新陈代谢产物或逾量药物等,调节电解质平衡,然后将净化的血液引回体内;亦有利用人体的生物膜(如腹膜)进行血液净化。它是目前临床广泛应用、疗效显著的一种人工器官。就慢性肾炎和晚期尿毒症的治疗效果而言,其5年生存率已达70%~80%,其中约有一半患者还能部分恢复劳动力。由于上述成就,人工肾的治疗范围逐步扩大,并进入免疫性疾病的治疗领域,受到各方面的重视,成为人工器官研究最活跃的领域之一。

早在19世纪中叶,就有人设法用透析法除去血液中的尿素,因未找到合适的半透膜未获成功。1913年Abel等用火棉胶膜制成管状透析装置进行动物透析实验;1943年Kolf等首次将转鼓型人工肾应用于临床并获得成功,开创了人工肾治疗肾衰竭患者的历史;1960年Kill研制平板型人工肾;1966年Steward研制空心纤维人工肾临床应用成功。进入上世纪70年代,透析器向小型化方面发展。

近年来开发的新的人工肾技术主要包括血液滤过、血液灌流和腹膜透析。

人工肝

人体中的肝脏是一个极为复杂的器官,根据现代科学技术水平,要研制一个可以长期或基本上代替肝脏主要功能的名副其实的人工肝,还是不可能的。近代对人工肝的研究,只是用一种装置或系统来暂时代替肝脏的某些功能。如清除肝衰竭时的毒性物质;治疗肝昏迷及调整其氨基酸平衡等来协助患者度过危险期;等待肝细胞再生,或等待肝移植,因而许多学者称之为"人工肝辅助"。

因为肝脏有强大的再生能力,临床患者或动物实验中将肝切除二分之一,

2～3个月以内，其剩余的肝组织又可生长到原来体积，而且其功能也完全恢复，这样，如能研制成一种装置，协助肝衰竭患者度过危险期，等待肝细胞再生，则患者可能获救。

目前国际上对人工肝辅助的研究，多处于基础及动物实验阶段。有些已进行临床应用，但尚无根本性突破。

人工关节

多年来人们采用了各种关节成形术治疗关节强直、关节畸形和各种破坏性骨关节疾病，力图将这些有病的关节矫正和恢复其功能，为此许多学者做出了巨大的努力。迄今已研制出膝、髋、肘、肩、指、趾关节假体用于临床。

1890 年，Gluck 首先应用象牙制造下颌关节；1938 年，Wiles 用不锈钢做髋臼与股骨头；而后 Moor 开展了人工股骨节置换术；1940 年 Wder 兄弟用合成树脂制造人工关节；1951 年开始全髋人工关节置换术。

1952 年 Habowsh 用固定牙的丙烯酸脂固定人工髋关节，由此

你知道吗

人工关节置换术后注意哪些

出院三个月后一般要到医院进行复查，了解关节假体的位置及稳定性是否良好。术后半年再复查一次，以后每半年都要进行拍片检查。如果出现不适，或因意外情况造成关节受伤，要及时到医院检查治疗。

合成树脂开始用于人工关节的结合。1958 年 Charnhey 根据重体环境滑润理论，用聚四氟乙烯髋臼和金属股骨头制成低摩擦的人工关节，接着在 1962 年，Charnley 把高密度聚乙烯髋臼和直径为 22 毫米的股骨头组成全髋人工关节，并用骨水泥（甲基丙烯酸脂）固定，获得较满意的效果。自此，人工关节置换术进入实际应用的新阶段。

目前，英美各国每年可施行全髋人工关节置换术数万例，并获得了较好的治疗效果。

人类的仿生技术　未来的仿生之路　RENLEI DE FANGSHENG JISHU

◎ 生物工程在各方面的应用

现在，生物工程已经发展成为一个新兴的工业部门。短短 10 年时间，部分产品已经达到了应用阶段。

在医药工业方面。1977 年，美国第一次用大肠杆菌发酵生产人的生长激素——生长激素释放抑制素。1981 年已经正式投放市场。1982 年底，美国的基因技术公司和有名的利莱化学制品公司联合生产出人的胰岛素，不久将供应市场的产品有乙肝炎疫苗、阿尔法型干扰素、伽马型干扰素、尿激酶等基因工程新药。这些新药给癌症、脑血栓、血友病、侏儒症等疾病患者带来了新的希望。

在兽用药物方面。用基因工程生产猪、牛的幼畜腹泻疫苗也已经在荷兰正式投产。其他如猪、牛生长激素，牛干扰素，以及口蹄疫疫苗等多种疫苗已经进行试验性生产。

在农业方面。正在研究用遗传工程的方法使小麦、水稻等农作物能够吸收空气中的氮，自行固氮。如果成功，就可以大幅度地提高单位面积产量，并且避免施用尿素等化肥所带来的环境污染和氮化物致癌等弊病。

在工业方面。可以用基因工程培养出特殊的"超级细菌"。这种细菌喜爱吸收某种金属，这样不用花大力气就能够探明矿藏，并且利用它来进行采矿。据统计，全世界每年用"超级细菌"浸出的铜高达 20 万吨。培养某种"超级细菌"还可以吸掉石油里某种杂质，相应减少石油产品的成本。

在食品工业方面。国外应用遗传工程的发酵法和酶法已经生产了 18 种氨基酸，年产量达到 30 万吨。前苏联用生物工程方法生产的单细胞蛋白，年产量达到 120 万吨。

在能源方面。目前正在研究能够再生的生物能源，如用基因工程培养特殊的细菌，把没有用的植物纤维素分解成葡萄糖，生产酒精，用来补充或替代石油。

生物工程作为一门新兴的工业，今天还处在方兴未艾的开发阶段，但是它越来越引起人们的高度重视，相信它在人类的生活中将日益显示出巨大的作用。

> **知识小链接**
>
> **基因工程**
>
> 基因工程是生物工程的一部分，是在分子水平上对基因进行操作的复杂技术，是将外源基因通过体外重组后导入受体细胞内，使这个基因能在受体细胞内复制、转录、翻译表达的操作。

◎ 细胞合成的医学启示

生物的活细胞，是天然化工厂。生物活动所必需的一切有机物质，都是由细胞合成的。在生物合成中，起关键作用的是酶。生物酶比化学工业上应用的无机催化剂效率高，而且不需要高压、高温，既方便，又经济。生物酶的模拟成功，将会给化学合成工业带来革命。

研究活动细胞内的有机合成，给了人们很大的启示，这表现在有成效地借用这些天然物质的结构、个别生化反应原理和整个生物合成路线。

早在19世纪，人们就学会了从植物中提取颜料、药物和许多其他有用的物质，例如植物碱吗啡（止痛剂）、奎宁（治疟疾药）、毛果芸香碱（抗青光药）和利血平（抗高血压药）等。但是，人们并不满足这种简单的提取，许多重要的生物碱、维生素、激素和抗生素的人工合成法接着问世了，它显示出较强的优越性。在某些场合下，人工合成的产物，例如维生素A、C、B_1、B_6、H抗生素左旋霉素等，都比天然产物更加理想。研究生物细胞内合成的某些物质的结构特性，使人们发现了一条寻找具有同样或更高的生物活性的化合物的途径。例如，在天然生物碱及人工模仿物中，其结构比吗啡分子骨架的纯合成制剂普罗美多，比吗啡具有更强的止痛作用；改变毒扁豆碱（眼科用药）和管箭毒（松弛肌肉药）分子，人们合成了高活性的模仿物，特别是溴化十烃季铵。这里，模仿物与其天然物质相似，不仅表现在纯结构上，而且也在生物活性中反映出来了。

◎ 生物黏胶

茗荷儿一类海洋甲壳动物在成熟初期能分泌出一种黏液，把自己终生固定在一个地方。这种黏液黏着极为牢固，于是科学家们便着手研究以便人工合成。

据估计，类似茗荷儿的"特种黏合剂"，可以在最近5~10年内合成。据称，这种黏合剂具有很高的抗张强度，因此，用来黏接建筑结构单元，可以说是"超级水泥"。同样，也可用于造船和机械制造业等。进行电气安装时，有的电子元件不耐热，不宜焊接，用这种黏合剂可以说是理想极了。海员们都知道船漏了难办，特别是油船，补漏一直是个棘手的问题。有了这种黏合剂，便可在水下5~10分钟内黏住漏洞和裂缝。这种黏合剂与现在的几百种黏合剂比较还有一个优点，即不一定需要"清洁而干燥"的表面，它能黏接除钢和汞外的任何东西。这一点在医疗上也是很有用处的。因为现在虽已制造出用来止血和代替手术线的黏合剂，但类似茗荷儿黏液的黏合剂将更加优越：如果皮肤划破了口，像粘接纸一样，用它一粘即合，你看多好啊！

◎ 杀菌史上的革命

苍蝇到处乱飞，污染环境，传染疾病，使人生厌。其实，深入探讨，苍蝇具有很强的抗病本领。如果我们在显微镜下去观察的话，整个苍蝇完全处于细菌的包围之中，在它身上生活的细菌有上亿个，甚至上百亿个。而苍蝇自己却能"安然无恙"。在二战中以及二战结束之后，苍蝇问题引起了许多军事科学家、生物学家、病理学家的极大兴趣。他们带着各自的目的进行研究。结果发现苍蝇的进食方法与众不同，它是一边吃，一边吐，一边拉，真是"吃、吐、拉一条龙"。它的消化道工作效率之高，是其他任何一种动物也无法与之比拟的。当食物进入消化道后，它可以立即进行快速处理。在7~11秒钟之内，可将营养物质全部吸收，与此同时，又能将废物及病菌迅速排出体外。当病菌进入苍蝇体内,刚好准备要"繁育后代"时,却已被苍蝇迅速排出体外。这样的高速度、高效率,真叫人叹为观止,因为这在动物界可以说是绝无仅有的。

但事物往往不是绝对的,也有个别的强硬对手具有快速繁育后代的能力,它们可在三五秒钟之后产卵育后。碰上这样的细菌,苍蝇体内有可能"大闹天宫",甚至令其"命归黄泉"。在这种情况下,苍蝇只好用最后一张"王牌"。

在 20 世纪 80 年代中期,意大利病理学家莱维蒙尔尼卡博士研究发现:当病菌侵入苍蝇机体,使它的生命受到威胁时,它的免疫系统就会立即发射 BF 和 BD 的球蛋白。这两种球蛋白,说得确切一点,可以叫作"跟踪导弹"。它们会自动射向病菌,与敌人"同归于尽"。更为神奇的是,BF 和 BD 这两种球蛋白从免疫系统发射出来时,双双对对,一前一后,自找目标,从不错乱。更叫人无法理解的是,这两种球蛋白在消灭对手时,一定以"彻底消灭干净"为最终目的。

你知道吗

苍蝇为什么总搓脚

人和一些动物是用舌头来尝味的,然而昆虫的味觉器官就不同了,据研究苍蝇是用足来尝味道的。苍蝇极为贪食,又很活跃,时间长了,它的脚上自然免不了要沾上许多东西,一停下来,总把脚搓来搓去,目的是清理脚上沾着的东西,常保味觉器官的敏锐性。

人类常用的抗菌素,例如青霉素、庆大霉素之类,如果与 BF、BD 比较起来,那才是"老式步枪"与"现代冲锋枪"的较量,不知相差多少倍。正因为如此,目前许多病理学家正在潜心研究,想把它们应用到人类的抗菌治病方面来。如果能提取 BF 和 BD 用于人类抗菌,无疑将是一大福音。

最近,日本东京大学药理学教授名取俊二先生,在他几年的实验和研究中,竟然在家庭常见的大麻蝇体液中,成功地提取了外源性凝集素,并从这种蛋白质中分离出了核糖核酸。他用这种凝集素应用于试验,奇迹般地发现,这种外源性凝集素能有效地干扰哺乳类动物体内的肿瘤细胞，首先是使肿瘤萎缩，随着时间的推移，肿瘤竟慢慢地消失了。无疑，这为人类的抗癌治癌开辟了一条新的途径。

◎肺鱼的"安眠药"

在非洲，有一种名叫肺鱼的珍奇动物。这种鱼是介于鱼与两栖类之间类型的动物。它用肺呼吸，两只胸鳍很像动物的前肢，它就靠这两只前肢在陆地上爬行。肺鱼的生存，已经有4亿年的历史了。科学家们认为，它是自然界中最先尝试由水生转向陆生的动物。这种奇异的肺鱼生活在非洲的淡水沼泽里。当长达数月之久的旱季来临的时候，它们就钻到烂泥深处，昏睡休眠，直到雨季来临，才出来活动。

这种有趣的鱼引起了有关科学家们的极大兴趣。不少科学家认为，在昏睡不醒的动物体内，一定存在着一种能引起睡眠的激素。这种睡眠激素能帮助千百万苦于失眠而求助于安眠药的人。

现在科学家已经从非洲肺鱼的脑组织中提取出了一种物质。第一次生物实验已获成功。将这种物质引入老鼠体内，它们能很快入睡，而醒后精神爽快，显得很健康。

人工创造新生物——遗传工程简介

俗话说："庄稼一枝花，全靠肥当家。"在肥料中，氮肥又是最重要的一种。各种庄稼在生长过程中都需要大量的氮肥。可偏偏大豆、花生等豆科作物却可以少施氮肥，甚至不施氮肥，也会长得很好。这是为什么呢？原来每棵豆科作物自己都有许多"小化肥厂"。这些"小化肥厂"就是生长在它们根部的大批根瘤菌。根瘤菌有个特殊的本领——固氮。它们能够把空气中的氮气收集起来，制造成氨，不断地供给豆科作物使用。

除了豆科作物，其他农作物像小麦、水稻、玉米、高粱等，都没有这样的"小化肥厂"，要想获得高产，就要施大量的氮肥。有没有一种办法，让这些禾本科的作物自己制造氮肥，自给自足呢？在出现了"遗传工程"这门新科学之后，这种幻想才有了实现的可能。

◎什么是遗传工程

"遗传"，说的是生物方面的事儿；"工程"，说的是建筑方面的事儿。"遗传"和"工程"怎么连在一起呢？难道人们可以像设计新的建筑物那样，来设计新的生物吗？

不错，正是这样。遗传工程这门新科学，要干的就是这件事。大家都知道，各种生物都跟它们的上一代基本相同，也能生出和它们基本相同的下一代来。这种现象叫作遗传。但是，下一代跟上一代又不可能完全相同，总会发生一些极细微的差异。这种现象叫作变异。那么，遗传和变异是由什么决定的呢？经过科学分析，现在已经断定，这种物质就是核酸。核酸主要集中在每个细胞核里。生物的下一代接受了上一代的核酸，这些核酸对它们的生长和发育起着决定性的作用。所以只要深入研究核酸的化学结构，就可以揭开遗传和变异的奥秘。

核酸是一种非常复杂的化合物，它有两种：一种是脱氧核糖核酸，通常用 DNA 代表；另一种是核糖核酸，通常用 RNA 代表。我们就以脱氧核糖核酸来说吧，它是一种高分子长链多聚物，一个分子是由几十个到几十亿个以上的核苷酸组成的。核苷酸又可以分成 4 种类型。

这 4 种类型的核苷酸的排列次序不同，就决定了各种生物的遗传性。核苷酸好比电报字码，电报字码虽然不多，编排顺序却可以千变万化，每一组不同的字码编排代表一个中文意思。同样的道理，成千上万个核苷酸编排顺序的不同，就成了不同的遗传基因。正因为核苷酸的编排顺序类似电报密码，人们就把它称为"遗传密码"。生物就靠脱氧核糖核酸分子长链上的各种不同的"遗传密码"，保证遗传性状一代一代传递下去。如果"遗传密码"出了一点错误或遗漏，必然会影响下一代的生长发育而发生变异。

既然遗传基因就在脱氧核糖核酸分子长链上，那么，人们如果识别了这些密码，能不能通过增添或除去一些基因，有目的地改造生物呢？遗传工程就是根据这种设想产生的。它用类似工程设计的办法，先对生物进行设计，把一种生物体内的脱氧核糖核酸分子分离出来，经过人工"剪切"，重新组合，再安到另一种生物的细胞里，使这种生物具有某些新的结构和功能。

◎给细菌做手术

把这种设想变成现实，当然不是一件容易的事情。现在许多国家的科学家都在研究这项技术，并且已经摸出了一些门道。举个例子来说，我们想使某种细菌能像蚕一样合成丝蛋白，产生出蚕丝来，就可以把蚕的脱氧核糖核酸的分子分离出来，"剪切"下来制造丝蛋白的"基因"。再从细菌的细胞里提取出一种叫"质粒"的脱氧核糖核酸分子，把它和"剪切"下来的基因接在一起，再送回到细菌的细胞里去。

知识小链接

蚕丝

蚕丝也称天然丝，是一种天然纤维，是熟蚕结茧时所分泌的丝液凝固而成的连续长纤维。蚕丝是人类利用最早的动物纤维之一。

这个办法说起来简单，可是要做到这一点起码要有两种酶。因为脱氧核糖核酸的分子非常小，要用电子显微镜才看得见，要把它链上的制造丝蛋白的"基因""剪切"下来，当然不能用普通的剪刀，而要用一种"限制性核酸内切酶"。这是一种蛋白质，它有个特殊的本领，能识别脱氧核糖核酸分子上特定的位点，把它分成长短不一的片断。有时候恰到好处，剪下来的是整个基因，有时候也会把基因剪坏。那也不要紧，因为到目前为止，已经发现了上

百种限制性核酸内切酶，等于有了上百种各种各样的剪刀，总能挑选到一种合适的不会把基因剪坏的"剪刀"。细菌细胞内的一种叫作"质粒"的脱氧核糖核酸分子，也要用同样的"剪刀"来剪，这样才能使两个"切口"正好互相吻合。为了使它们连接得更加牢靠，还要用另一种酶，叫作连接酶，把接缝抹掉。

经过了这样一套手术，细菌将会像蚕那样合成丝蛋白，有了生产丝的本领。到现在为止，这个办法还处在试验阶段，没有实际应用。但是我们相信，沿着这条道路走下去，将来总有一天，可以把动植物的遗传基因移植到细菌里去，或是把细菌的遗传基因搬到动植物细胞中来。这样，人们就有可能创造出许多新品种的生物。到了那个时候，遗传工程这套新技术，就会广泛地被应用到农业、工业、医学和国防上去，使这些领域发生惊人的变化。

◎ 人工创造生物新品种

大家知道，培育优良品种是提高粮食产量和质量的重要途径。目前最有效的育种方法是有性杂交。但是，这种方法只有在同种生物之间或者亲缘关系很近的生物之间才能进行，亲缘关系远的生物，如禾本科作物小麦和豆科作物大豆就不能杂交，因为它们的生殖细胞不能结合。

"遗传工程"不受这个限制。目前科学家们想把豆科作物的根瘤菌里能固氮的基因取出来，移植到生活在小麦、水稻、玉米这些庄稼根旁边的细菌里去，使这些细菌也有固氮的本领。这种本领能一代一代传下去，不断地供给植物氮肥。

科学家们还准备采取另外一种办法，干脆不用细菌帮忙，直接把根瘤菌的固氮基因移植到小麦、水稻、玉米这些庄稼的细胞里去，使它们自己就能固氮。如果这个办法成功了，就等于给每棵庄稼办了一个"小化肥厂"。将来农民买化肥的这一大笔钱就可以省下来了。

◎ 让细菌给我们制药

遗传工程在工业生产上，也将产生很大的影响。我们也来举一个例子：

治疗糖尿病的特效药胰岛素，目前是从猪、牛等牲畜的胰腺中提取出来的。一吨胰腺只能生产半两多一点胰岛素，远远跟不上糖尿病病人的需要。如果我们把胰腺细胞里产生胰岛素的基因移植到大肠杆菌里去，就能使大肠杆菌产生胰岛素。

知识小链接

胰岛素

胰岛素是由胰岛β细胞受内源性或外源性物质如葡萄糖、乳糖、核糖、精氨酸、胰高血糖素等的刺激而分泌的一种蛋白质激素。胰岛素是机体内唯一能降低血糖的激素，同时能够促进糖原、脂肪、蛋白质合成。

大肠杆菌的繁殖比高等生物快得多，在合适的条件下，繁殖一代只要25分钟，最多也超不过2小时。这项试验一旦成功，胰岛素的产量就可以大大增加，成本也可以大大降低。

◎治疗遗传疾病

遗传工程还能帮助人治疗遗传性疾病。有的人成了天生的白痴，这是由于他们身体的细胞里缺少了一种"半乳糖酶"。医生为了治这种病，就把细菌产生半乳糖酶的"基因"提取出来，移植到病人身体的细胞里去，使病人自己能产生半乳糖酶，这就有可能把白痴治好。这种应用遗传工程的医治办法叫做基因治疗。

据统计，人类的遗传疾病有一两千种之多，目前大多是不治之症。随着遗传工程的发展，将来有可能成为可治之症。这是多么令人高兴的事情啊！遗传工程是一门新兴的科学，这几年发展很快，许多国家都在研究。但是国外也有些人反对搞遗传工程。他们害怕产生出容易引起癌症的病毒或细菌，使癌症广泛流行；害怕产生出耐抗菌素的新菌种，给治病造成困难；还害怕扰乱和破坏正常细胞的功能，造成奇怪的疾病……在美国，这个问题曾引起了科学界激烈的争论，还规定了一些安全措施。对遗传工程的种种顾虑，都是根据现有的知识推测出来的，是不是真的那么危险，还要通过实验来确定。我们开展这项研究工作，当然要认真对待，采取必要的安全措施，但是害怕是完全不必要的。

尚待开发的新能源——人体能

我们人类自身也和其他动物一样，在生命的整个过程中都产生热能，这就给科学家开辟了一种尚待开发的新能源——人体能。

经精确测算：一个人在一昼夜浪费的能量，如转化为热能，可以把等于他体重那么多的水由0℃加热到50℃。一个人在一生中有三分之一以上的能量浪费了。如果将世界上5亿人的这些能量加起来，相当于10座核电站发出来的电力，为此，科学家积极设法利用人体能。

最近，美国的一家电信公司设计、建造了一座新颖的办公大楼。它利用在大楼里工作的3000多职工散发的热能，收集转换为电能，用来照明、打字，甚至还用来调节室内的温度，使之保持在18℃~29℃。美国桑托斯的超级市场的出入口，装有转动门，地下室有能量收集器、转换器等装置。顾客在进出时推动转门的能量即被收集起来。由于每天顾客很多，每年可以为该公司提供很大的一部分电力。

现在，已有人研制出一种温差电池，可以把人的体热转变成电能，供随身携带的收录机或微型电视机、收发报机和助听器使用，这些小型电子装置不用附加电源，全由人自身的热能供给，因此携带十分方便。可以设想，它的使用前景何其远大！